哈佛趣味心理学

最神奇的意志提升课

张振 ◎著

中国商业出版社

图书在版编目（CIP）数据

哈佛趣味心理学：最神奇的意志提升课 / 张振著．—北京：中国商业出版社，2014.10

ISBN 978-7-5044-8746-9

Ⅰ．①哈… Ⅱ．①张… Ⅲ．①意志－通俗读物

Ⅳ．① B848.4 － 49

中国版本图书馆 CIP 数据核字（2014）第 220338 号

责任编辑：朱丽丽

中国商业出版社出版发行

010-63180647 www.c-cbook.com

（100053 北京广安门内报国寺 1 号）

新华书店总店北京发行所经销

三河市龙大印装有限公司印刷

*

710×1000 毫米 16 开 14 印张 200 千字

2014 年 12 月第 1 版 2014 年 12 月第 1 次印刷

定价：32.00 元

* * * *

（如有印装质量问题可更换）

前言 Preface

意志力是人们为达到预定的目标而努力自觉克服困难的一种意志品质；意志力是人的一种“心理忍耐力”，是一个人完成学习、工作、事业的“持久力”。当它与人的期望、目标结合后，它会发挥巨大的作用；意志力是一个人敢不敢自信、会不会专注、是不是果断、能不能自制和有没有忍受挫折的能力结晶。

一位近代作家说过一段话，他以简洁有力的语言表达了类似的含义，他说：“与其他一些因素相比较，意志力的训练与提高对一个人的成功来说是最为重要的。在意志力强弱和取得的成就大小之间存在着一种密切的关系，没有人能真正估算出意志力到底有多大的力量。在这个世界中，意志力是不可或缺的一部分，它让这个世界充满了创造力，历史上所有成就都是人类意志的选择与创造。不管他们是谦和的还是善斗的，是仁慈的还是残酷的，只有强大的意志力才能使威尔伯官斯和加里森·古德伊尔、赛勒斯·菲尔德、俾斯麦和格兰特这样的人不屈不挠。他们只要制定了计划就会将之付诸行动。就像太阳或潮汐那样，没有人能够阻止这些人迈出的前进步伐。很多人遭受失败，并不是由于他们缺乏良好的教育或品质，而是他们缺乏顽强的意志力和决心。一个有心修炼和提升自己意志力的人，将获得无比巨大的力量，这种力量不仅能够完全地控制一个人的精神世界，而且能够让人的心智达到前所未有的高度。意志力是一把能够开启人的洞察力和征服力的神奇钥匙。”

很多年前，哈佛大学就在研究人的意志力对生命个体的巨大作用，大学资深研究专家罗素·康达博士这样说：“古往今来，对于成功秘诀的谈论实在太多了。但其实，成功并没有什么秘诀。成功的声音一直在芸芸众生的耳畔萦绕，只是没有人理会她罢了。而她反复述说的就是一个词——意志力。任何一个人，只要听见了她的声音并且用心去体会，就会获得足够的能量去攀越生命的巅峰。这几年来，我们一直致力于一项事业——试图在人的思想中植入这样一种观念：只要给予意志力以支配生命的自由，那么我们就会勇往直前。”

俗话说，“意志创造人”。大脑是我们取得成功的惟一源泉。在我们的大脑中，储藏着取之不尽的财富。通过提高意志力，我们可以获得人生的富贵，拥有生活中的各种成就。这种意志力，默默地潜藏在我们每个人的身体之内。在这个世界上，真正创造人生奇迹者乃人的意志力。意志力是人的最高领袖，意志力是各种命令的发布者，当这些命令被完全执行时，意志力的指导作用对世人的价值将无法估量。

目录 Contents

第三辑　发挥自控作用，有效掌控自己的行为举止

第四辑　控制负面情感，需要时常和情绪搏斗

第五辑　做事高度专注，注意力体现超强意志力

第八辑　科学调整自己，让身体等等自己的意志力

第九辑　学会主宰自己，让超强意志力为成功发力

第一辑

意志力是人不可或缺的力量

不同的人对于意志力，对于意志力如何影响人，以及对意志力的积极作用和局限性有着不同的看法，但大家都认同这样的看法：意志力本身是人类精神领域一个不可或缺的组成部分，在每个人的生命中，意志力都发挥着超乎寻常的重要作用。

意志力需要无时无刻在身边

我们在生活和工作上都需要利用意志力来控制自己，调整自己的状态。不过，我们每一天究竟有多少时间需要意志力来控制自己呢?

我们重新来细数一下每天的生活。起床的时候，可能会出现赖床的想法，这时需要意志力来控制自己抵制继续睡眠的欲望；吃饭的时候，可能想要吃某种食物但出于健康的考虑又不能吃，这时需要意志力控制自己选择有利于健康的食物；工作的时候，可能想放弃某个棘手的项目，这时需要意志力控制自己去防止情绪失控；晚上该睡觉的时候，又需要意志力控制自己停止其他的娱乐，上床睡觉。

需要抵制欲望的时刻，当然不仅限于上面这些。比如，在商场里看到某件衣服、某件饰品或者某包零食时非常想买，但其实自己并不需要它们，这时就需要控制自己的购买欲。可见，我们一天里需要用到意志力的时候非常多。

如果以上推测还没有足够的力量来说服你相信意志力的力量，那么我们再来看一项实验，实验的结果会告诉你意志力在生活、工作中有多么广泛的应用。

哈佛大学博士霍夫曼曾经做了一项研究，他调查了人们一天当中会有多少时间需要依靠意志力控制自己不同的欲望。

霍夫曼选择的被试者是招募来的志愿者，这些志愿者都配有BP机，一共有200名。实验时，实验人员每天不定时地呼叫被试者们7次。被试者们每次接到传呼的时候，都要向霍夫曼报告自己是否正在体验、抵制某种欲望，或者刚刚体验、抵制完某种欲望，这些欲望都是什么，自己是通过什么方法控制欲望的，是否成功抵制了欲望等问题。

最终，霍夫曼一共收集到了1万多份来自于这些志愿者的报告。霍夫曼对被试者们的报告进行统计分析。结果发现：被试者们平均在10次报告中就有1次正在体验、抵制某种欲望，有2次是在接到传呼之前刚刚体验、抵制过某种欲望。

当统计被试者们抵制的欲望种类时，霍夫曼发现：对食物的欲望出现的次数最多；其次是对睡眠的欲望；排在第三的是人们的休闲欲，即想要休息、游戏而不愿意工作的欲望；再下来，则是人们的性欲；而后则是人们的交往欲，比如查看自己的电子邮件、上社交网站等。

对被试者们抵制欲望的方法和策略进行统计后则发现，被试者们使用的策略非常多，但是最为普遍的就是转移注意力和直接压抑。而这些抵制方法也会因为欲望的性质不同而带来不同的效果。

最后，霍夫曼通过统计被试者们在抵制欲望时的成功率发现，所调查的被试者成功抵制欲望的比率只有50%。即几乎只有一半的时候，被试者们能够控制自己、抵制欲望。

霍夫曼通过对实验数据的分析得出以下实验结论：人们每天需要利用意志力抵制欲望的时候很多；人们抵制的欲望中，排名最前的是食欲，其次是睡眠欲，接着是休闲欲，然后是性欲和交往欲；人们成功抵制欲望的几率不高，大概只有50%。意志力不仅仅体现在抵制欲望方面，还体现在对自我控制的其他方面。比如，在控制自己的言语、情绪时，在控制自己的信念进行决策时，人们都需要意志力。所以，心理学家认为，人在每一天中，用到意志力的时候远比霍夫曼实验得出的结果中所显示的数量要多。人们在每一天的生活中会普遍地用意志力来实现自我控制。

这再次告诉我们，意志力与我们的生活、工作息息相关。所以，假如我们想要掌控自己的生活和工作，那就需要提高自我控制能力，即意志力。

霍夫曼的实验调查还显示，人们控制自己的方法虽然很多，但是最为普遍的是通过转移注意力和直接压抑来控制自己。但面对不同的场景时，这两种方法不一定总是有效。所以，人们在控制自己的时候还需要掌握技巧，针对想要抵制的欲望选择正确的方法。

意志力决定人生的成败

美国著名发明家爱迪生说："伟大人物的最明显标志，就是坚强的意志。"作为一种力量、一种精神，意志力是指一个人或一个组织想要达到某种目标而自觉奋斗、永不退缩的心理状态。它表现为一种承受能力、一种精神气质。一个人意志力的坚强或薄弱，主要是指在承受过程中，这种精神气质得到多大程度的体现。我们可以虚拟一个关于意志力的坐标或数轴，这种精神气质在坐标或数轴的正方向延伸得越长，意志力就越坚强；相反，意志力则越薄弱。

意志力不仅能够完全控制一个人的精神世界，还能让人的心智达到前所未有的高度。意志力是一把可以开启人类洞察力和征服力的神奇钥匙，是每一个成功者都拥有的最重要的精神特质。哈佛大学研究人员发现，意志力的发展对一个人的成功有举足轻重的作用：一个人决心要完成某件事时，意志力就代表着他的一种精神力量。一个人有了顽强的意志，就意味着他能够通过意志力本身以及自己的身体或其他事物，利用巨大的能量来达到自己的目标。哈佛大学的研究发现和爱迪生所说的一致——意志力是一种"对整个人进行激励的冲动"。

所以，提升意志力，拥有超强意志力对赢得成功的人生是至关重要的。

石油大王洛克菲勒是美国19世纪的三大富翁之一，其最辉煌的时期曾掌握全美制油业95%的实权，一生赚了至少10亿美元，是资本主义世界第一个十亿富翁，享年98岁。

洛克菲勒常常告诫自己的子孙：“‘富贵不过三代’。白手起家的第一代，往往缺乏创业的条件，你们要明白，如果不努力，根本就没有出头的日子。为了追求创业条件，事事都必须耗费苦心，在这种困境中创立起来的基础一定是扎实的。第二代如果善于利用这个基础，往往不太容易受到影响，他们起码还知道用功。到了第三代，不但没吃过苦，甚至没有见过什么苦，因此容易松懈。人一旦松懈了，就会不知不觉地疏于防范。所以说，富贵不会超过三代。”

众所周知，洛克菲勒的发家史就是一个坚忍不拔、勇于拼搏、不断进取的过程。他以坚强的意志力在贫困中崛起，又以平常的心态长守一生的财富。

所以，意志力不仅是一种动态的思想力量，还是一种人们对目标不懈追求的力量，这种目标可以是暂时的，也可以是持久的、长期的；可以是只涉及为人处世的细微之处，也可以是关系到人的一生的复杂利益组合。而意志力在长期目标中所起的作用，则取决于其在平时完成某些事时所起的作用。

在一些偶然发生的事件中，意志力通常也能表现出巨大的力量。但如果面对的是某一事件的全过程，或者关系一生的宏伟目标，它又可能会表现得有些力不从心。换句话说，一个人的决心通常是不坚定的，因此，无法在一段很长的时间内或者一系列行为中保持完全的意志力。当然也就难以通过意志力去实现长期的目标。因此，有没有超强意志力是关系人一生成败的重要条件。

研究表明，意志力是一种有限的资源。当你下意识地控制自己的冲动、想法或做出决定抵御诱惑时，你就会逐渐感到疲倦。这种意志力耗尽之后，你就无法积蓄下一阶段所需的意志力了。

因此，最好的做法就是在挑战和诱惑面前坚定不移，将这些积极的做法形成习惯，就像每天刷牙、吃饭一样。

洛克菲勒在年轻的时候，为了让自己保持超强的意志力，他常常写下激励性的文字，放在自己随时能看到的地方，并在脑海中逐渐强化这些内容。另外，他每天（每周或每月）腾出一段时间审视自己，确定自己的哪些做法是值得肯定并需要继续发扬的，弄清哪些做法是需要避免并改正的。

他还经常告诉周围的亲人、同事和朋友在生活和工作过程中的积极体验，把不良情绪抛到一边，以此增加自信心。

当然，我们在培养意志力的过程中，不要指望一次就能获得成功，通常培养超强意志力要反复尝试很多次才能成功。每次失败时，都要把原因找出来，想出解决办法，多试几次，保持足够的耐心。

意志力是应对困苦的最好武器

比尔·盖茨在《给纽约中学生的一封信》中就说过这样一句话："人生就是一串困难的选择，是一个不断选择的过程。"盖茨其实是阐述了这样一个道理：人生在世，困难是在所难免的。可问题是，我们拿什么来应对这些困难？告诉你，意志力是应对人生困苦最好的武器。

人生是一个个发现困难并且解决困难的过程，这些过程时而短暂、时而漫长。而当你面对困难的时候，惟一能做的就是用意志力挺过生命的低谷期，用意志力挺过走投无路的艰难期。只有拥有了超强的意志力，才能看到"柳暗花明又一村"的精彩。

世界电器之王松下幸之助，将松下电器公司从一个只有三人的小作坊发展成了一个拥有职工 5 万人的跨国大集团。虽然经历很多次经济危机的严重冲击，但它还是在世界电器行业稳稳地站住了脚跟，而很多同行的、非同行的企业却濒临倒闭。人们在惊叹幸之助传奇经历的时候，是否也应该惊叹他拥有超强的意志力呢？就如《松下幸之助创业之道》前言中所说的那样“坚持＝成功”。

1898年，幸之助4岁，原本殷实的家境开始没落，经济变得非常拮据。面对生活带给自己的考验，幸之助没有退缩，他挺了过来。

同年，幸之助的大哥、二哥和大姐先后因病逝去，幸之助被迫辍学，到大阪一家做火盆买卖的店里当学徒。他没有被生活的残酷所吓倒，他挺了过来。

幸之助创办松下电器公司之初，所有的钱加在一起才只有100日元，支持他的人总共有4个：两位老同事森田延次郎、林伊三郎，加上他的妻子和内弟井植岁男。资金不足，人员不足是摆在面前的实实在在的困难。同样，幸之助没有退缩，他选择了接受现实：用100日元和5个工人创办了自己的企业。后来，因为经营不善，两位老同事相继离去，只剩下幸之助夫妇和内弟3个人仍苦苦地支撑着，艰难地挺过一天又一天。

终于，幸之助迎来了第一个订单——1000只电灯底座……随后的道路开始步入正轨。

回想那段时光，幸之助曾深有感慨地说：“那段时间真是异常艰难，甚至连最起码的生活都成问题。”事实确实如此：从1917年4月13日起到1918年8月止，幸之助共十几次将他夫人的衣服、首饰等物品送进当铺抵押借钱以维持自己企业的运转。

回想一下幸之助的创业之路，他的成功得益于他的坚持、他的意志力。否则，现在就不会有松下，世界上的人也不知道日本有个幸之助。

从幸之助的身上，我们明白一个道理：在遭遇困难的时候，要是没有超强意志力，只能做困难的俘虏。意志力是战胜困难的利器，在生活中我们经常会遇见意志力的这种作用，哈佛大学教授戴维斯·李说：“将这个道理放到普通人的普通生活中同样具有现实意义：有的人因为有超强意志力，能克服美食的诱惑，最终减肥成功了；有的人用意志去坚持，最终锻炼身体的习惯养成了……所以，在困难中最能体现意志力的作用。”

纵观很多人的失败，不是因为没有能力，不是因为没有机遇，而是意志薄弱，轻言放弃。没有意志力的人，困难轻易就会将其击垮。

戴维斯·李说：“我们如何用意志力克服困难呢？处在生命低谷的时候，自我鼓励是最有效的方法。千万别幻想依靠别人的鼓励来产生勇气和力量，因为往往在那个时候，你的朋友都不在你的身边。所以，不妨在墙上贴满励志标语，不断地告诉自己你是最厉害的；或者找个僻静的地方，痛快地流泪；或者拼命地去看成功人物的传记，用运动来强化意志，忘却沮丧……总之，要不断地鼓励自己，让自己挺过生命的低谷期。因此，在你即将放弃的时候，不妨给自己描绘一下美丽的前景，让自己看到美丽的明天，用明天的美丽来唤起今天努力的激情。与其说这是在‘诱惑’自己，不如说是在引导自己，引导自己坚持梦想，引导自己充满信心迎接风雨之后的彩虹。”

人生一世，难免会遇到一些困难，难免会经历生命的低谷，如果这个时候缺乏意志力，就不坚强，更不能去坚持，那么生命便毫无希望可言！

坚定的信念是成功的灵魂

信念是人人都可以支取，并且是取之不尽、用之不竭的最大潜能。信念能使人对千千万万的信息具有检索的能力，是人头脑中的指挥中枢。哈佛大学教授保罗·哈姆妮斯说：“一个有信念的人所发出来的力量不会小于99位仅心存兴趣的人。”一个没有信念的人，就像少了发动机的汽车，不能动弹一步。

很多年前，当艾德温·巴尼斯在新泽西州从货运列车上跳下来时，他看起来像一个无业游民，但是他却有一个执着的信念：要做伟大发明家爱迪生的商业伙伴。

在前往新泽西州的路上，巴尼斯不是想："我要劝说爱迪生随便给我一个工作。"他想的是："我要见爱迪生，并且告诉他，我来是要做他事业上的伙伴的。"他没有说："我要睁开眼睛注视着另一个机会，以防万一在爱迪生的企业中得不到我所要的工作。"他只暗示自己："在这个世界中只有一样东西是我决心要得到的，那便是和爱迪生合作发展事业。我要把我的整个前途和全部能力，投注在我的事业上，去获得我所要的东西。"

在第一次会晤中，巴尼斯并未建立起与爱迪生的合作伙伴关系。他只是在爱迪生的办公室里得到了一个工作机会，而且薪水很低。

几个月过去了。巴尼斯一心所想达到自己暗自确定的那个愿望，没有丝毫进展。但是，巴尼斯不断地用强大的信念在强化他想做爱迪生商业伙伴这一欲望。

心理学家说得非常正确："当一个人真的渴望去做一件事情时，这件事情自会出现。"巴尼斯准备与爱迪生在商业上合作，而且他决心继续积极准备下去，直到他达到目标为止。他从未对自己说："算啦，有什么用呢？我想我得改变原来的主意，试试做一个推销员吧。"他只对自己这样说："我到这儿来是为了与爱迪生合作，我一定要达到这个目标，即使耗尽我的一生也在所不惜。"

爱迪生刚刚完成一种新的办公用具的发明，当时称之为"爱迪生口授机"。他的销售人员对此不热衷，他们不相信这种机器能销售出去。巴尼斯意识到自己的机会来临了！这种机会悄然来到，它藏在除了巴尼斯和发明家之外，没有其他人感兴趣的一具怪模怪样的机器中。

巴尼斯知道自己能推销爱迪生的口授机。他向爱迪生提出请求，并立即得到了允许。他不但销售出了这种机器，事实上他的销售十分成功。于是爱迪生和他签了约，让他负责在全国推销。

坚定的信念使伟大的巴尼斯和伟大的发明家爱迪生结成商业伙伴关系。巴尼斯破釜沉舟地坚持着他的信念，直到这个信念变成了事实为止。

100 多年前，芝加哥发生了一场空前的大火灾。第二天早晨，一大群商人站在斯台特街上，看着他们的店铺几乎全部化为灰烬，然后聚集在一起商量对策。是重建家园呢？还是迁离芝加哥到更有希望的地方重新开始？他们达成的决议是离开芝加哥，其中只有一人例外。

这位决定留下来的商人叫马歇尔·裴德，他指着他的已化为灰烬的商店说："各位，就在这个地点，我要建起世界上最大的商店，无论它烧掉多少次！"

这已经是一个世纪以前的事了。这家商店早已重建起来，而且直到今天还矗立在那里。在生意难做、前途看起来暗淡的时候，其他的人便打点行装，迁到比较容易发展的地方去，马歇尔·裴德没有这样做。这就是马歇尔·裴德和其他商人之间的不同之处，因为他有在芝加哥干一番事业的恒心。他凭着执着的信念终于实现了自己的目标。

哈佛大学的研究者发现，信念的最初形式是念头、意念。念头要变成信念，还要看个人对这个念头的执着程度，也就是必须有实现这个念头的决心、信心和恒心。要取得事业成功，必须要有坚定的信念，这样才会保持强烈的求胜欲望，这才是成功的关键。

坚持是哈佛优秀生的素养

"永不放弃"是哈佛大学教授罗斯的口头禅，对此，罗斯解释说："在这个世界上，没有什么比坚持对成功的意义更大。因为只有坚持，才能顺利地通过人生的各种挑战；只有坚持，才能战胜一个又一个困难，才能够显得与众不同；只有懂得坚持意义的学生，他们今后建立的事业才能与哈佛的声誉相匹配。”

哈佛毕业生、罗斯教授的学生，美国著名电视人迈瑞斯说：“在学生时代，觉得罗斯所谓的坚持不重要，尽管如此，我还是在心里非常重视。后来我发现，人生中都要经受的最困难的一件事就是坚持，但坚持也是成功最有效的武器。”

布莱德雷从小就有一个愿望——做一名出色的将军，为此他竭尽全力考入了西点军校。但出乎意料的是，他在毕业后却并没有像其他人那样在军营扎根，而是继续留在军校执教，而且在军校里一待就是很多年，这在美国的将军中是极为罕见的情况。从表面上看，布莱德雷一直徘徊在军营之外，因而也失去了许多晋升的机会和实战的锻炼，这在外人看来简直就是一种莫大的失败，但布莱德雷却认为自己在军校里得到了更多的东西。

布莱德雷从1920年开始担任西点军校数学系的教官，当时的校长是麦克阿瑟将军。

数学从理论上讲是一门逻辑学科，不仅可以培养人的逻辑思维能力，还可以提高人的推理能力。在当数学教官的过程中，布莱德雷的数学水平有了很大的进步。在以后的人生旅途中，每当碰到棘手的难题，布莱德雷在数学上颇深的造诣便可以帮助他更清晰、更有条理地进行思考，这使布莱德雷最终成为美国众多将军中做事最有条理、思维最缜密的人。

布莱德雷还兼任西点军校的体育教练，这又使布莱德雷在不经意中锻炼了组织和指挥才能，在训练学校橄榄球队的过程中，布莱德雷细致的思想工作和周密的安排，为他日后成为一个既注重进攻又强调防守的“攻守平衡型将军”打下了良好的基础。在布莱德雷的带领下，球队还曾获得过橄榄球锦标赛冠军。

1929年，布莱德雷来到了本宁堡步兵学校，这是他人生的一大转折点，因为布莱德雷在这里遇到了自己的贵人——本宁堡步兵学校校长马歇尔。

1939年7月，马歇尔就任美国陆军参谋长，布莱德雷预感自己的机会来了。果然，马歇尔很快就指名把布莱德雷调了过去，让他全权负责自己办公室的工作。后来，布莱德雷又被马歇尔调到本宁堡步兵学校任校长，随后又出任美军第82师师长。

绕了一个大圈后，布莱德雷成为西点军校同届毕业生中的佼佼者——第一个当上师长的人。他跑到了那些始终在走直线的同学的前面，这就是人生颇具戏剧性的一面。从此，布莱德雷一路飙升，势不可当，短短几年间，就从师长升为军长，再升为集团军司令，并于战后担任了美国陆军参谋长和参谋长联席会议主席等职务。

布莱德雷十分珍惜13年的教官生涯，对他而言，正是有了这些经历，日后的军事生涯才会走得如此顺利，

布莱德雷的经历再次告诉我们：坚持是卓越与平庸的分水岭！其实，百分之九十九的人的失败，都是因为在“临门一脚”的时候放弃了。正如古希腊哲学家苏格拉底所说：“许多赛跑者的失败，都是失败在最后几步。跑应该跑的路已经不容易，跑到尽头当然更困难。”布莱德雷的成功就来自他内心的那一份坚持，面对种种诱惑，他没有放弃自己内心的追求，持久的忍耐让布莱德雷成为最后的赢家。

持久的忍耐力是意志力的体现，也是获胜的基石。没有长久的坚持，就不可能取得超人的成就。在西奥多·罗斯福身上，“坚持”二字同样体现得很好。

很小的时候，罗斯福就下定决心要实现自己的所有抱负。小时候，罗斯福患了严重的哮喘病，这让他非常痛苦。医生说，光呼吸就加重了心脏的负担，这个孩子的生命将会非常短暂。父亲告诉罗斯福：“儿子，你头脑很好，却没有一个好身体。没有身体的帮助，头脑就不能发挥自己应有的作用。所以，你必须让身体强壮起来。”

罗斯福接受了这个挑战，他开始锻炼身体，他每天待在健身房里，为了强身健体的目标苦练。他每天打网球、打曲棍球、划船、游泳，变着方式锻炼身体。虽然医生断定他活不长，但罗斯福用自己的实际行动证明了

医生的判断是错误的。

在学习和职业生涯中，罗斯福也拿出了同样的决心。15 岁时，他开始发奋学习，准备考哈佛大学。父亲聘请了一位家庭教师教他数学、拉丁文和希腊文。他为自己制定了一个每周 5 天、每天 6 ～ 8 小时的学习时间表。经过努力，罗斯福顺利地考入了哈佛大学。

罗斯福继承了父亲的理想，并努力通过工作去实现它。他相信人人都需要创造属于自己的未来。政府的责任是保证机会平等，人民的责任就是接受挑战。因此，他下定决心要进入政坛，治理腐败现象。

理想指引着罗斯福，决心又赋予他热情。他以上校的身份组织了“勇猛骑兵队”，同古巴和西班牙作战。他的事业便是争取自由。在任纽约州州长时，他治理企业里的腐败现象，维护移民工人的权利。成为美国总统后，他打压大企业中的压榨和罪恶行为，使工人和经营者都受益，他将其称为“公平交易”。

在培养子女的情商时，罗斯福的坚定得到了最充分的体现，他希望每个孩子都能见义勇为。他对六个孩子说：“放开手脚，遵守规则，冲向目标！”

对于坚持的巨大作用，哈佛人不是惟一的发现者，英国的一句谚语说：“一个人如果有自己系鞋带的能力，那么他就有上天摘星星的机会。”可见，世人的眼里，只要坚持下去，一个平凡的人也会有成功的一天，否则即使是一个才识卓越的哈佛人，也只能遭遇失败。

意志力影响你一生的成就

哈佛大学教授美琳·阿昔洛韦让 10 个学生同时买入了一只正在上涨的股票，让学生们试着炒股。教授没有向这 10 个学生提任何要求，只是让全班学生关注这10个学生如何对待自己手中的股票。

当这只股票涨到一定程度的时候，有一部分人将股票出手了，觉得赚上一笔就行，没必要再担更大的风险。

随着股票的继续上涨，不停地有人卖出股票。有一天，股票市场忽然出现了动荡，这只股票不断地下跌，本来还坚持着的人开始怀疑这只股票的潜力，然后也开始把手中的股票抛出。

结果，一段时间过去之后，这只股票起死回生，又开始不断涨。于是，之前卖出股票的人开始后悔，而一直坚持的人则感慨自己的坚持是对的。

这时，美琳·阿昔洛韦告诉学生们："你的坚持，将决定你能够走多远。一个人的意志力，将在很大程度上决定他能够走多远，以及他所能够达到的顶点有多高。其实，不只是在股票市场上，在生活和工作中也是如此。在这里，我并不是让人们去买入并坚持持有股票，这里只是以炒股票来说明坚持可以为一个人带来的回报。"

美琳·阿昔洛韦教授意在告诉学生们，那些能够坚持安心学习的人，其学习成绩会相对更好；而工作中那些能够坚持到底的人，其工作业绩和成就也会优于一般人。这是因为，意志力强的人，往往会为了实现自己的目标而忍受旁人所不能忍受的压力。

为此，美琳·阿昔洛韦教授断言，一个人的意志力将会影响他一生的成就。下面我们就来看看心理学家是怎样证明这个观点的。

沃尔特·米歇尔是美国哥伦比亚大学心理学系的教授，他还曾在斯坦福大学任教。他在心理学上的贡献主要集中在人格心理学领域。在研究人的认知和情感的自我控制能力的时候，他对"儿童是否能够在面对诱惑时进行自我控制、放弃即时的满足"产生了兴趣。于是，他在斯坦福大学任教时策划组织了一个非常经典的实验——延迟满足实验，也称棉花糖实验或果汁软糖实验。

实验在美国斯坦福大学附属幼儿园内进行，房间里有一面墙是单向玻璃，实验者可以通过单向玻璃观察儿童的行为。实验对象是一群4岁大的孩子。

实验人员给每个孩子一颗好吃的软糖，然后告诉他们可以吃糖，但是如果马上吃掉的话，那么只能吃一颗软糖；而如果等20分钟后再吃的话，就能吃到两颗。然后，实验人员离开，留下孩子和极具诱惑的软糖。

实验人员通过单向玻璃对实验室中的孩子进行观察后发现：有些孩子急不可耐地把软糖吃掉了；还有的只等了一会儿就不耐烦了，然后迫不及待地吃掉了软糖。这两类都是属于“不等者”。

有些孩子却很有耐心，能耐得住性子，他们还想出各种办法来转移自己的注意力以克制欲望，比如闭上眼睛不看糖，或头枕双臂做睡觉状，或自言自语，或唱歌、讲故事。最后他们等待了20分钟，成功地吃到了两颗软糖，他们属于“延迟满足者”。

实验到这里还没有完，这里还只是初步显现了孩子在延迟满足上的做法是有差异的。延迟满足是个体为了更有价值的长远结果而主动放弃即时满足的抉择取向，其展现的是一种自我控制能力。

后来，实验人员在这些孩子成为青少年之后又进行了进一步的追踪考察。对他们的家长和教师进行调查的结果显示：“不等者”的个性显示出孤僻、易固执、易受挫、优柔寡断的倾向；“延迟满足者”则大部分成为了适应性强、具有冒险精神、受人欢迎、自信、独立的少年。两者在学习能力上相比较，“延迟满足者”比“不等者”在数学和语文成绩上平均高出20分。又经过多年的追踪观察，实验人员发现：小时候就表现出很有耐心的孩子，长大后在事业上更为出色。也就是说，延迟满足能力越强的人越容易取得成功。

实验证明，延迟满足能力会影响一个人的学业、事业。从实验结果中，实验者得出以下结论：孩子的延迟满足能力存在个体差异；孩子的延迟满足能力可以预测孩子将来在学业、事业等方面的表现。一般情况下，延迟满足能力越强的孩子，越容易取得成功。

这个实验在教育界的影响非常大，让教育者们明白：光是让学生努力学习还不行，他们的延迟满足能力将会决定他们在学业、事业等方面的表现。所以，这个实验结果公布后，引起了很多大学对学生延迟满足能力的重视。

很多心理学家认为，米歇尔的延迟满足实验是研究一个人意志力发展的经典实验。因为延迟满足能力反映了个体面对诱惑时的忍耐和坚持能力，是一个人意志力强弱的体现。所以一个人的延迟满足能力在很大程度上体现了这个人的意志能力和自我控制能力。

很显然，这种控制自己延迟满足的能力将影响一个人在生活、事业上的发展空间。打个比方，你的上司告诉你，因为你的良好表现，公司打算提拔你，给你两个选择：一个选择是让你的职位升一级，成为部门主管，然后你的工资也随之提升一级；另一个选择是，送你去国外学习一年，一年后让你担任另一个地区的总经理，而学习期间你只能享受原职位的基本工资。在这两个选择中，第一个选择是可以立即得到满足的那种，而第二个选择则需要先忍受一年再获取更大满足的类型。但相对而言，第二个选择更加有利于个人的长远发展。所以，选择即时满足的第一个方案，还是选择延迟满足的第二个方案，将会决定你的成就能够达到什么样的高度。而假如你想要获得更高的成就，能够与更高层次的人站在一起，你就需要具备坚强的意志力，让自己不被眼前的利益所诱惑，坚持一段时间后，你自然会得到更高的成就，获得更大的满足。

所以，一个人的意志力将在很大程度上影响他在事业上的表现，影响他所能够取得的成就。因此，人们想要获得更高的成就，就应该提升自己的意志力。需要注意的是，一个人的意志力还会对他的生活产生影响。很多人认为，意志力较强的人生活比较自律，而意志力较低的人生活则相对混乱。比如，意志力较强的人可能每天都早起早睡，但意志力相对较低的人可能睡懒觉睡到中午才起，晚上上网或看电视到半夜或者凌晨才睡。

意志不给力，人生就会一团糟

一个人的意志力如何，也会在很大程度上影响他的生活状态。那么，意志力究竟会对一个人生活的哪些方面产生影响呢？哈佛大学心理学家为了研究这个问题的答案，在世界范围内进行了一项规模宏大的调查研究活动。接下来我们就从这项调查中来寻找答案。

2010 年，哈佛大学一项国际研究的结果展现了个体意志力跟生活的高度相关性。该项研究在美国进行，实验的被试者是美国的 1000 名儿童。实验者在这 1000 名儿童刚出生时就开始追踪调查，测查他们的意志力。

测查被试者的意志力时，为了获得真实可靠的数据，实验者综合自己的观察、孩子的父母和教师的报告以及孩子自己的报告来评定孩子的意志力水平。并且，实验者每隔一段时间就会测量被试者的意志力水平，考察被试者其他方面的表现。比如，被试者的健康状况、抑郁水平、是否酗酒、经济状况、家庭状况等。

这项调查直至被试者 32 岁的时候才停止。这个时候，实验者手里已经掌握了一组非常庞大的数据，实验者通过对这些数据进行分析对比发现：意志力差的被试者，生活相对糟糕。

比如，在健康水平上，意志力弱的被试者身体比较糟糕，容易患肥胖症、传染性疾病，他们的牙齿也容易出现问题。实验者猜测，这是因为意志力差的人不愿坚持健康饮食，也不愿意坚持刷牙、保持口腔卫生。

在酗酒等问题上，意志力弱的被试者较易出现酗酒、吸毒等问题。

在经济状况上，意志力弱的被试者经济状况较差，工资较低，存款较少，而有自己的房子和养老金的比率也相对较低。

实验者对被试者的家庭状况进行调查时发现，相对于意志力强的被试者来说，意志力弱的被试者较难维持一段长期的婚姻关系，所以较易成为单独养育孩子的单亲父母。因此，意志力弱的被试者的家庭状况也相对较差。

更重要的是，意志力弱的人犯罪率较高。数据显示，意志力最弱的那一组和最强的那一组的被试者在32岁之前犯过罪的比率分别是40%和12%。

当分析被试者抑郁状况数据的时候，实验者发现：被试者是否抑郁以及抑郁的程度，与其意志力水平没有关系。

从这项调查分析中，研究人员得出了以下结论：一个人的自制力与其生活高度相关，会对其生活的各个方面产生影响；自制力差的人，其生活相对糟糕一些。

从哈佛大学的调查结果中可以很明显地看出一个人的意志力会对他的生活产生多大的影响。所以，哈佛大学特别强调学生要努力提高自己的意志力。

其实，只要仔细思考一下，就会发现，自制力体现在生活的各个方面。比如，在早上起床的时候，你有可能非常想继续睡下去，但你的意志力会让你选择准时起床，而不是继续睡下去；吃早饭的时候，你有可能在为吃什么而纠结，你有很多很多想吃的，但是你的体重不允许你吃那么多，于是意志力会让你选择只吃三明治，而不是把想吃的都吃上一份；到了工作的时候，你有可能不想工作，想要玩玩游戏、上上网，但你还有无趣的工作要完成，于是你的意志力会让你选择坚持工作；而到了晚上该睡觉的时候，你有可能还想看电视，你的意志力这时又会让你选择准时睡觉，而不是继续看电视。

这些日常的大小选择都会涉及意志力，假如意志力不够强大，就很容易屈从于自己的各种欲望。这些屈服于欲望的选择让你的生活和工作变得一团糟：体重增加，工作任务无法按时完成，睡眠不足……

所以，无论是从实验结果，还是从生活事实来看，我们都可以发现：一个人的意志力会对其生活的各个方面产生影响，假如一个人的意志力很差，那么他的生活将会很糟糕。所以，如果想要一种健康、规律的生活，就要加强自己的意志力，加强对自身的控制。

第二辑

从内心调动意志力，用心理暗示加强意志

意志力是一种精神力量，它可以通过心理调节来加强，比如你要是保持一种乐观积极的态度，相信自己的意志力是非常强大的，你就会变得更加坚强——意志力的魅力就在于此。

你的想法决定你的意志力

哈佛大学的心理学家告诉学生这样一个事情：将会通过割腕放血的方式处死一个死囚。

心理学家先将死囚绑在一张椅子上，让他的四肢都不能动弹，并用黑布将他的眼睛蒙了起来。接下来，心理学家用锋利的纸在他的手腕上用力划了一下，造成一种疼痛感，但没划破血管。然后，心理学家用一个水壶装上和体温相当的温水，在囚犯的手腕处倾倒，让水缓慢流出。在囚犯的手腕下放着一个金属水桶，温水流下来的时候会发出滴答的声响。

死囚一直以为流的是自己的血，最后这个死囚死了。医学手段的检查结果显示，死囚因极度恐惧而造成死亡。

可见，一个人心中的想法将会造成非常大的影响，它几乎和事实一样可以给人带来毁灭性的打击。

那么，我们对个体意志力的认知，是否会影响到我们的自我控制呢？假如，一个人认为自己自制力有限，是不是会导致他在行为上显示出意志力薄弱的现象？又如，一个人认为自己自制力强大，那么他是不是又会有不一样的行为表现呢？

在对意志力进行研究的时候，哈佛大学的心理学家研究的结果大多都说明“意志力是一个有限的资源，在抵抗诱惑和坚持某项工作的过程中会被消耗”。对于意志力的这种特点，哈佛大学的心理学家瓦伦·乔布及其同事在最近做的一项研究中提出了新的观点。他们认为意志力的大小与一个人的信念有关。

瓦伦·乔布和斯坦福大学心理学教授卡罗尔·德韦克以及副教授格雷

格·沃尔顿合写了一篇文章。乔布在文章中指出："如果你认为意志力在生理方面是有限的，那么在做一项困难的工作时，你很有可能会感到疲劳，但是如果你认为意志力是不会轻易消耗的，那么你就可以一直继续下去。"我们来看看他们是怎样得出这个结论的。

他们选择了哈佛大学的一些学生作为被试者，然后让这些被试者去参加他们设计的实验。这个实验由四部分组成，实验者的目的在于测试和操控被试者对意志力的理解。

实验的前三个部分都是让被试者完成一些实验者安排的任务，这些任务都需要被试者们利用意志力进行自我控制。其中有一个任务是解答一些令人感到疲惫的题目，还有一个任务则是完成注意力测试。

实验者发现，那些相信"意志力有限"的被试者，在完成前一个任务之后，在第二个任务中的成绩都有所下降，而且明显低于那些认为意志力是无限的被试者。也就是说，当被试者认为意志力有限的时候，他们在第二个任务或者第三个任务上的表现受到第一个任务的影响，会表现出控制力下降，但是当被试者认为意志力无限的时候，他们在第二个任务或者第三个任务上则不会出现这种被第一个任务影响的现象。

实验者对这些被试者还进行了追踪调查，发现当考试周快接近的时候，那些认为意志力是有限的被试者比那些认为意志力是无限的被试者要多吃24%的垃圾食品，多耽误35%的时间。

在乔布的实验中，那些持有意志力资源无限论的被试者在第二个任务中的表现没有受到第一个任务的影响，这说明被试者在完成第二个任务时，意志力依然相对很充足，自我控制能力较少受到意志力损耗的影响。但是那些持有意志力有限论的被试者，则在第二个任务中出现了表现水平下降的现象，说明他们的意志力出现了损耗现象，并且这种损耗现象明显影响了被试者对自己行为和注意力的控制。可见，被试者对意志力所持的看法，将会影响他们的自我控制。因此，实验者得出以下结论：个体的意志力跟自己对意念的看法相关。如果个体认为自己的意志力充足，那么他在自我控制上就会表现良好；相反，如果个体认为自己非常疲惫，意志力被大部分损耗，那么他在自我控制上的表现就会变差。

从实验的结果可以明显地看出，一个人对于意志力的看法和观点将会在很大程度上影响他在自我控制上的表现。所以，一个人的信念将会改变他的行为。所以，对于自己的意志力，我们应该保持一种乐观积极的态度，相信自己的意志力是非常强大的，这样才会变得更加坚强。

很多人对于自己的意志力一直不看好，认为自己的意志力很薄弱，害怕自己在一些需要意志力的事情上无法良好地进行自我控制。因此，有些时候（如忙完一天的工作之后），有些人会相应地放纵自己。因为他们认为自己没有太强的意志力，没有办法再坚持了。或者干脆破罐子破摔，不再进行自我控制。

事实上，人的潜能是巨大的，信念的力量也是巨大的。如果你一直坚定地认为自己的意志力资源依然处于一个充沛的状态，那么你对自己的控制力将会表现得良好。

所以说，你的内心想法将会决定你的意志力表现。很多时候，当你认为自己是一个没有意志力的人，认为自己因为意志力薄弱、拒绝不了诱惑，无法长期坚持的时候，你其实是在为放弃自我控制这种行为找理由。

也就是说，在强化意志力的过程中，你的想法非常关键。所以，想要对自己进行良好的自我控制，你需要先端正自己的看法，让自己的观点更加积极。因为从理论上来说，你怎么想，你的意志力行为就会表现得怎么样。

警惕那些无法更改的错误信念

在影视作品中，我们经常可以看到这样的场景：某个人对自己非常明显的错误无法意识到，甚至当错误被别人指出来时，这个人依然坚定地认为自己是正确的。这样的人让人觉得很愚蠢，但却并不是导演为了营造某种效果而凭空捏造的，这种人在现实生活中也相当多。

哈佛大学教授马斯理说："我曾在工作中遇到这样一个人。他向我抱怨，他正同时进行着两项工作任务，有点焦头烂额。两个任务的时间都很紧迫，所以他上午进行一项任务，下午进行另一项任务。但是，他却发现自己下午的工作效率会明显降低。

"我告诉他，这种现象可能是因为下午时他受到了上午所进行的工作任务的影响，因此建议他改变自己的工作方式，先完成其中一项任务。但是他坚持自己的做法，不愿意改变，并且向我罗列了好几个不更换工作方式的理由。

"可见，有时候人们会非常固执地坚持自己的做法，就算错误摆在眼前，他们依然不愿意承认自己的错误。"

马斯理觉得，这种非理性现象很普遍，而且对我们的生活和工作产生了很大的影响。在信息纠正中，马斯理发现了一个现象：当新的信息显示个体原有的信念错误时，个体对自己原有的错误信念的信任反而会被进一步加深。这种现象导致个体坚持自己错误的信念，不予改变。为找到这种现象出现的原因以及影响因素，马斯理对此进行了研究。

1970 年 5 月，美国俄亥俄州发生了一起政府警卫队士兵镇压大学生的事件。在这起事件中，有 4 名学生被杀，9 名受伤，在社会上产生了很大的影响。

事后，很多媒体和书籍等都对该事件进行了大量描述。马斯理趁此进行了一个心理调查，调查的内容是学生们对该事件的看法。当时的调查结果是：6%的自由派学生认为国民警卫队是受到了示威学生的挑衅才开枪，而45%的保守派学生有这种想法。

两年后，马斯理再次对这些学生进行了这项调查。调查结果是：62%的自由派学生认为国民警卫队的士兵犯下谋杀罪，而保守派学生中只有37%的人赞同该观点。

又过了5年，马斯理第三次对这些学生进行了这项调查。从调查结果中发现，保守派学生依然更倾向于认为这个事件是学生抗议者的错，是他们先对警卫队士兵做出了越轨行为；而自由派学生则依然倾向于认为士兵才是事件的罪魁祸首。

马斯理教授结合学生们对事件的了解程度发现，被调查对象对事件了解得越多，他们的观点就越牢固，对警卫队士兵或是对抗议学生的支持也越强烈。而对整个事件了解非常少的调查对象，则会随着对信息的逐渐了解而出现观点改变的现象。

1997年，马斯理和同事一起进行了一项实验。

实验中，马斯理伪造了两种科学研究成果，其中一种“科学研究”的结果表明，同性恋是一种心理疾病；而另一种“科学研究”的结果则显示：同性恋是完全正常的自然行为。

首先，马斯理先测试了被试者对同性恋的态度，并按照测试结果将被试者分为两组。第一组被试者认为同性恋是心理疾病，第二组被试者则认为同性恋完全正常。

然后，实验者将两种“科学研究”结果分别给两组被试者阅读。把证明同性恋是完全正常的自然行为的“科学研究”给第一组被试者；把证明同性恋是一种心理疾病的“科学研究”给第二组被试者。

被试者阅读完实验者给的“科学研究”后，实验者再次调查被试者对同性恋的看法。结果，实验者发现两组被试者依然坚持自己原来的看法，就算“科学证据”摆在眼前，他们也不认为自己坚持的看法是错误的。

其中，有些被试者表示：“同性恋无法用科学解释。”实验者又询问他们在其他事情上的看法，他们依然表示更相信自己本来的观点。

实验结论证明，个体会保护自己原有观点的正确性。综合两个实验的实验结果，马斯理得出以下实验结论：当新信息向个体显示他原有的观点是错误的时候，新信息会激起个体的保护机制，使个体更坚定地认为自己原有观点是正确的；一种态度形成时，个体对信息的了解程度会影响个体对该态度的坚持程度以及个体对新信息的接受程度。一般情况下，之前了解的信息越多，个体对原有观点就越坚持。

后来，哈佛大学的心理学家把实验中出现的这种现象称为逆火效应。这种现象通常发生在信息纠正中。逆火效应已经在多次心理学实验中被证实。

2006年，哈佛大学做过一项关于“个体对美军与伊拉克战争的看法”的实验，再次证实在信息纠正过程中存在逆火效应。当反对自己“错误”的信念的新信息出现时，个体不但不愿意进行纠正，反而更加坚定自己原有的信念和观点。

哈佛大学的心理学家认为，逆火效应源于个体的自我保护机制。因为个体尊重自己、不愿意否定自己，所以当反对自己原有观点的信息出现时，个体的自我保护机制就会被激活，使个体越发坚定自己原有观点，并以此维护自己的正确性。

从上述实验可知，个体的自我保护机制使个体更坚定自己的信念，不愿改变，从而无法做到理性的思考和行动。因此，假如我们想要控制自己的思维，让自己的思维变得更理性，使自己的观点更客观，那么，就需要防范这种自我保护机制。

个体的自我保护机制对维护我们的心理平衡非常重要，经常无意识地影响个体的言行。这种影响虽然不一定都是消极的，但在信息纠错过程中，自我保护机制却是导致逆火效应出现的主要原因。

想要调节好自我保护机制对思维控制的影响，我们需要做的是：调节好自己的心态，认识到改正错误信念是一种成长，是个人发展过程中必不可少的环节。

自我保护机制的存在，是为了使个体保持心理平衡，而信息纠错中出现逆火效应，也是因为个体想要保护对自己的尊重。所以，要想避免逆火效应控制自己的思维，首先需要做的就是：降低承认错误观念带来的挫折感，让自己从其他途径获得心理平衡。

个体在态度形成时对信息的了解，会影响其对自己原有态度的坚持。也就是说，这会影响到个体对思维信念的控制。

但是，因为我们缺乏预知能力，无法预料现在形成的看法在将来会产生什么样的影响和变化，所以也不知道应该怎样应对事情的信息。而且，偏见的产生往往也是由于对信息不够了解。所以，我们能做的就是，在形成某种观点时，尽可能站在客观的位置，全面地了解各种相关信息。比如，对事件的正面信息和反面信息都进行充分了解。

想拥有意志力要先训练潜意识

所谓潜意识，是指人类的心理活动中不能认知或没有认知到的部分，是人们已经发生但并未达到意识状态的心理活动过程。简而言之，它是藏在我们一般意识下的一股神秘力量，是相对于意识的另外一种思想。

哈佛大学研究发现，潜意识的能力之强超乎我们的想象。许多专家认为，大多数人只用了10%的潜意识，有些人甚至用了不到自己潜意识的3%。潜意识能够通过自我暗示发挥出无穷的力量。这个世界上的许多所谓的奇迹或灵感，都是通过自我暗示的方式产生的。人类是世界的主宰者，这是由于人类可以支配自己的命运和生活环境，究其原因还在于人类拥有可以改变及支配自己潜意识的能力。如果我们可以充分利用潜意识的魔力，就能调动我们身体的全部思想、意志力、精神、体力，从而产生意想不到的效果。

珍妮是一位优秀的年轻歌唱家，她被唱片公司邀请出演歌剧。她很看重这次机会，但心中又感到惴惴不安。在这之前，她曾三次在导演面前试唱时失败，每一次失败都加重了她内心的恐惧，导致她在下一次试唱时背负更大的压力。

事实上，珍妮的嗓音很棒，但她每次试唱前都会对自己说："我总是唱得一塌糊涂，导演肯定对我很失望。他们一定在想，这种破嗓子也能出来唱歌剧？简直太丢人了！"

由于不断这样对自己说，珍妮的潜意识也接受了这种消极的自我暗示，并将其当成一种命令去执行。结果，潜意识控制着她的行为，使她在演唱时不知不觉地将这种情绪变为现实，她的表演也越来越糟糕。

但是，珍妮最终克服了这种消极的自我暗示带来的影响，开始用积极的自我暗示来对抗消极的自我暗示。每天她都将自己关在一间安静的房间里，坐在椅子上，闭上眼睛，让自己的身心彻底放松，然后对自己说："我的歌声优美动听，我的仪态优雅自信，我的心智机智冷静。"经过一段时间积极的自我暗示，珍妮觉得自己身上充满了正面的力量，不知不觉变得沉着而自信。在关键的试唱中，她展现了自己婉转动听的歌喉，并最终赢得了歌剧中的角色。

珍妮最后之所以能够成功，就是因为她在潜意识中给予自己积极的自我暗示，从而凭借这种潜意识激发出意志力，战胜了自己消极的心理。

应该说，要想成功地做好某件事，首先就要在潜意识里给予自己积极的暗示和鼓励，提升意志力，让自己从心底产生一种控制自己行为、同困难做斗争的力量。这种意志力是我们思想中一种动态的力量，也是一种与人的目标息息相关的力量。

人的行为在很大程度上是由意志力决定的，而意志力取决于人的潜意识，因为归根究底是人在做选择。所以在这个问题上，就产生了意志力的矛盾：意志力具有引导自我的强大力量，但又必须由人的潜意识来决定怎样发挥这种力量，以及凭借这一力量实现什么样的目标。

但是，这两方面又是统一的。一个人要想获得强大的意志力，就要训练自己的潜意识，在潜意识中给予自己积极的暗示，以便可以让自身释放出强大的能量，达到自己的预定目标；与此同时，强大的意志力又会引发人们的积极性和超能力，从而给予自己更加有力的鼓励，让自己的能力变得更加强大。

所以，一个人如果想拥有强大的意志力，首先就要在潜意识中给予自己鼓励。只有当这种鼓励发挥作用后，我们的身体才能具备这种神奇的力量，从而有意志力去迎接一个个艰难的挑战，一步步走向成功。

潜意识常常有些是非不分，对好的、坏的以及积极的、消极的暗示，会照单全收。所以，我们必须有意识地控制潜意识，利用其中的积极因素，并不断为其注入积极的、正面的信息资源，从而使正面的思维占据主导地位，成为最具优势的潜意识，甚至成为支配我们行为的直觉习惯和意志力量。

潜意识是一种需要不断进行自我暗示的抽象思维，所以我们应该经常积极地进行正面的自我暗示。比如，想获得成功，就要经常在心中默念："我会成功，我一定会成功。"经过这样不断地反复练习，当你的潜意识能够接受这个指令时，所有的思想和行为也都会积极配合这个想法，从而提升你的意志力。

让意识激发出超强的意志力

哈佛大学研究者发现，意识是神经动物共有的能力，它是指主体对内、外信息的认知与体验，以及针对信息开展的自我调控活动，比如，疼痛感会迫使动物躲避伤害，饥饿感会提醒动物尽快进食。但是，人类的意识却并非如此简单，人的意识就是一种无形的能量，通过自我意识调节，人类能够改变身体的感知能力，甚至影响器官的状态，当然，它更能激发一个的意志力。

历史上第一个正式、明确地指出意识可以影响身体状态的人，是一位生活在 18 世纪的德国医生。他自称发明了一种神奇的疗法，可以治愈“各种无法解释的怪病”。

19 世纪，英国一位具有创新精神的医生借用和拓展了这一成果，并将其命名为“催眠术”。这其实就是心理学上所说的“心理暗示”。

后来，一位印度医生成功地运用心理暗示作为麻醉剂，为一位病人进行了截肢手术。在手术过程中，病人竟然没有感觉到丝毫疼痛。

用死囚进行的著名的“滴血实验”，再次“权威性”地验证了心理暗示的强大破坏力，或者说能动性。

人们对心理暗示的研究和利用表明，人的意识能够影响自身的能动性——这当然包括一个人的意志力。其实，这种现象在人们的创造活动中表现得最为明显，比如在追求事业成功的过程中，人们的意志力会表现更强大。任何成功的背后都有一种成功的理念。通过成功人士的故事，我们收集到的成功理念有：意志力决定一切，热情导致成功，恒心加决心是万能的，自信者永不失败，等等，这些也都是意志力的表现形式。

如果把成功的因素简化为两个方面，我们大概能得出如下公式：成功＝一定的能力＋发挥意志力。

轻而易举得到的东西不会被人重视。成功之所以被人渴望和追求，必定是因为人们当前表现出的“一定的能力”不足以使其成功。但是，人的能力并非只有表现出来的这些，每个人身上都具备一种隐藏的能力——意志力。

很多超越常理的事实告诉我们，积极的正向意识往往能够激发人的意志力，从而导致奇迹的发生。这种积极的意识就是意志力的重要来源。

人的意志力不断被激发，人的整体能力就会得到不同程度的提升——潜能越强，能力就会越强，最终让人达到足以取得成功的高度。

哈佛大学教授史密森·罗尼说：“恒心和决心无疑就是意志力的集中体现。很多人不重才能而重恒心、决心，恰恰反映了意志力对于成功的重要意义。我们着重强调意志力，不仅因为它的重要性，更因为它的难于获取。这是因为，在寻求生存的过程中，不管一个人多么懒惰、消极，他也总能通过近乎‘本能地学习’被动地获得一定的能力；然而意志力却在更大程度上受着惰性本能的羁绊，它需要人们主动去获得，而且多数时候都会面对难以想象的艰难挑战，比如，负面情绪。人一旦受负面情绪控制，健康的身心就会发生可怕的病变，这些情绪包括：愤怒、厌烦、失望、担忧、抱怨、自私、多疑、恐惧、嫉妒、消极、委屈、失落、抑郁、憎恨、内疚、贪婪、狭隘，等等。在这些情绪的腐蚀下，一个人将一事无成，甚至患上严重的生理或心理疾病。”

的确，在惰性本能的驱使下，消极情绪往往表现出远超意志力的增长势头以及很强的传染性，所以我们获得意志力的主要途径就是用尽一切方法压制负面情绪。比如，我们可以通过保持良好的心态，训练正面的潜意识，积极地自我暗示，适时地调控情绪，远离负能量携带者等方式调动、保持和强化自己的意志力。

让意识激发意志力，我们一定要明白这样的道理：人类的表面能力固然有限，但意志力却是无限的，而且完全有可能借助意识来激发意志力，从而完成那些原本被视为“不可能”的任务。

既然存在这种可能，那么，无论自身的才能是平庸抑或出众，每个人都有可能获得自己梦寐以求的成功。重要的是，是否已经掌握了意志力的秘密。运用意志力、激发意志力，就是人类成功的普遍性法则。

让积极的潜意识控制自己

潜意识的力量是无法衡量的。它激励、引导我们，向我们展示记忆中储存的场景、姓名、事件等；它控制着我们的血液循环，调节着我们的消化、吸收和排泄功能。吃完一片面包，潜意识就会把那片面包转化成组织、肌肉、骨头和血液，这一过程无人能够洞晓，唯有潜意识对其了如指掌，并控制着整个过程。潜意识能够解决所有问题，也包括意志力。潜意识从不休息，它永远在工作。只需要在睡觉之前告诉它我要做一件特殊的事，就能够见识到它的神奇之处。第二天醒来就会惊喜地发现，意志力被释放出来，并将我们引向目的地。

正是通过潜意识，莎士比亚才察觉出他那个时代隐藏在普通人群中的真理；正是通过潜意识，希腊的雕刻家菲迪亚斯才能在大理石和黄铜上体现出美丽、秩序、对称和比例均衡。潜意识是伟大艺术家的创作之源，是它让伟大的意大利艺术家拉斐尔画出了圣母玛利亚，是它让伟大的德国音乐家贝多芬写出了交响曲。

潜意识不受时空的限制。它能使人免于痛苦和折磨；它能给出任何问题的答案。这是在我们身体里的，让人惊奇不已的力量。我们会为潜意识的神奇力量高兴不已。

一个人心里想什么，就会在外界环境中经历到什么。生活有两个方面，它既是客观的又是主观的，既是可视的又是隐形的，既是思想的集合又是思想外在环境的体现。所以，无论在潜意识中刻入了什么想法，都会在客观的环境、状态或者事件中体会到它们的存在。

在大脑中那个有意识又能推理的器官——大脑皮层中，思想是被当成一种信息接收的。想法一旦被大脑完全接受，它就会被传送到潜意识中去，在那里它会变成身体的一部分，然后被付诸实践。

你的潜意识不会跟你争吵，它只会遵照想法行动，只会接受意识所给出的定论。生命预言书总是靠自己书写，因为人的思想会转变为人生经历。美国哲学家爱默生说："人生就是靠自己想象出来的。"

美国心理学之父威康·詹姆斯曾说过，改造世界的力量就在潜意识中。潜意识充满了无穷的智慧。无论我们向潜意识传达什么思想，它都会尽力实现。所以，我们必须输入积极正确的想法。

世界上之所以充满那么多的混乱和悲剧，是因为很多人并不明白他们大脑中显意识和潜意识的相互作用。当这两个动因和谐一致，能够顺利运转时，我们就会远离疾病和悲剧，得到健康、幸福、平静和欢乐。

在古代，赫尔墨斯·特利斯墨吉斯武斯被认为是世界上最伟大的占卜师。他死后很多个世纪，仍有很多人孜孜不倦地探询他强大占卜力的原因，有人怀着极大的期待和好奇心打开了他的坟墓。据说那个时代最大的秘密的答案就在这个坟墓里。答案刻在墓碑上：上行，下效，存乎中，形于外。

换句话说就是，不管一个人内在的潜意识是什么样的，它都会在外在空间里变成现实。所以，从某些中程度上说，积极的潜意识会让一个人产生强大的意志力。

自然界有许多定律，像作用与反作用、运动和静止，都是在两股力量达成平衡以后，才会出现和谐、和平。我们来到这个世界上，生命的定律和节奏，精神和身体必须和谐，这样才能生存下去。付出和收获一定是对等的。大脑中的思想和它在现实中的表现一定也是对等的。如果一个人的想法消极、有害或邪恶，这些想法就会生出有害的情绪，这些情绪需要发泄。而这些消极情绪一旦发泄出来，就经常会表现为溃疡、心脏病、紧张和焦虑等症状——意志力就无从谈起。

消极思想常常会使人缺乏意志力。曾经有多少次，我们被自己的生气、害怕、忌妒和报复等情绪所伤害？这些都是侵蚀意志力的毒药。然而，这种消极态度并不是天生就有的。所以，应该抹去消极的思想，给自己的潜意识输入积极向上的思想，这样，就会拥有超强的意志力。

调节自我意象，给自己造个不倒翁

“自我意象”是心理学上的重要发现，自我意象就是“我属于哪种人”的自我观念，它建立在我们对自身的认知和评价基础上。一般而言，个体的自我意志力都是根据自己过去的成功或失败，他人对自己的反应，自己与他人相比较之后做出的比较意识，特别是童年经验而不自觉地形成的。根据这些，人们心里便形成了“自我意象”。就我们自身而言，一旦某种与自身有关的思想或信念进入这幅“肖像”，它就会变成“真实的”。我们很少去怀疑其可靠性，只会根据它去活动，就像它的确是真实的一样，强大的意志力因此就会形成。

哈佛大学教授、心理学家马尔说，人的潜意识就是一部“服务机制”，即一个有目标的电脑系统。而人的自我意象，就如电脑程序，直接影响这一机制运作的结果。如果一个人的自我意象是一个没有自信而失败的人，那就会不断地在其内心那个“显示屏”上看到一个垂头丧气、难当大任的自我，听到的则是“我是没自信、没出息、没长进”之类的负面信息。然后感到沮丧、自卑、无奈与无能，那么在现实生活中便会“注定”失败。

另一方面，如果一个人的自我意象是一个成功人士，那就会不断地在其内心的“显示屏”上见到一个充满自信、意气风发、不断进取、敢于经受挫折和承受强大压力的自我，听到的将会是“我做得很好，而且我有自信以后会做得更好”之类的积极信息，然后感受到喜悦、自信、安慰与坦然，那么在现实生活中便会“注定”成功。

在马尔教授看来，自我意象的确立是十分重要的，它的指向是正还是负，将决定一个人意志力的强弱乃至人生的成败。

哈佛大学的研究者发现，自我意象的形成有以下特点：

人的所有行为、感情、举止乃至才能始终与自我意象保持着一致。每个人在潜意识里把自己想象成什么人，就会按那种人的方式行事，而且，即使他做了一切有意识的努力，即使他有意志力，也很难扭转这种行为。

人的全部个性、行为，甚至环境都是建立在自我形象这个基础之上的。如果一个人从心理上逃避成功，害怕成功，面对机会或挑战，他就可能畏畏缩缩，这样，即使不是一个失败者，也难免是一个平庸之辈。因为，在其自我意象里已经有了失败的自我意象。其实，只要改变自我意象，任何人都会发生奇迹般的变化。

自我意象是可以改变的。一个人难以改变某种习惯、个性或者生活方式，出于这样一种原因：几乎所有试图改变的努力，都集中在所谓自我的行为模式之上，而不是意识结构上。很多人之所以对心理咨询感到意义不大，是因为他们想要改变的是特定的外在环境，或者特定的习惯和性格缺陷，而从来没有意识到改变造成这些状况的自我意象。

所以，我们可以用调节自我意象来强化自己的意志力，但是值得注意的是，发展新的自我意象，改变盲目羡慕别人、对自己缺乏自信的失败型个性不能单纯依靠这样的方法提高自己的意志力。要有充足理由、足够证据确认旧的自我意象是错误的，因而要发展相应的新的自我意象，不能仅仅凭空想象出一个新的自我意象。

心态乐观也能加强人的意志力

哈佛大学莱顿教授说："那些从哈佛大学走出去的成功人士，都把真挚、乐观的精神和不屈不饶的毅力当成走向成功的基石。因此，我经常告诫学生们，无论将来他们所从事的是什么职业，都要用全部的热忱去努力。"乐观是哈佛大学大力培养的一种素质，以此来强化学生们的内在意志力。哈佛大学发现，当一个人拥有乐观的心态后，他的意志力就会随之变强。

亨利·哈里·阿诺德1903年考入西点军校，4年之后以优异的成绩毕业，当时他选择了远渡重洋到菲律宾服役。20世纪初，美国的莱特兄弟发明飞机并试飞成功，这对美国的航空事业是一个极大的推动。1911年，从小便对飞机非常感兴趣的阿诺德自愿报名去俄亥俄州的代顿，慕名前往莱特兄弟处学习飞行。经过刻苦的学习之后，他掌握了关于飞行的一些基本知识，并积累了3小时48分钟的飞行经验，成为美国陆军首批飞行员之一。令人佩服的是，他在第二年就创造出飞行高度6540英尺的世界纪录，并获得1枚胜利勋章。

不过，他后来因为一次偶然的飞行事故而被停飞4年，之后被再次派往驻菲律宾步兵部队服役，这对阿诺德无疑是个沉重的打击，让他闷闷不乐。然而在菲律宾，阿诺德不断调节自己的情绪，渐渐走出了消极悲观的阴影。

1916年，因为在飞行事业上曾经取得的成就，回国后的阿诺德被再次转入飞行部队，并晋升为上尉。

第一次世界大战中，阿诺德受命在巴拿马指挥一支飞行部队，后来赴华盛顿的陆军航空兵总部任职，1921 年晋升为少校，从此以后便在美国的航空事业上不断崭露头角。

阿诺德有个广为人知的绰号“快乐的阿诺德”。他性格外向，活波开朗，笑口常开，积极乐观，深得部下和同事的喜爱。在美国参谋长联席会议中，阿诺德与成天板着面孔的海军作战部长金形成鲜明的对比。

阿诺德一直致力于提高军用飞机的生产能力和飞行员的训练水平，负责陆军航空兵的编组、训练和指挥，为美国建立独立的空军奠定了基础，被称为“美国现代空军之父”，阿诺德之所以取得这样的人生成就，与西点军校的情商教育不无关系。

哈佛大学的心理学家认为，乐观是意志力的保证，悲观是弱者的墓志铭。悲观或者乐观，坚强或者懦弱，前进还是退却，依赖还是自立，全在于是否乐观。

心态积极、热情乐观的人对人对事，总能看到最好的一面，这就是高情商的表现。乐观心态与意志力有着密切的关系。一般而言，意志力强的人往往有着乐观的心态；而那些意志力弱的人，一旦遭遇挫折，就会陷入消极悲观的情绪当中。

一位银行家，在他 51 岁的时候，所拥有的财富已经高达数百万美元。52 岁的时候，他失去了所有的财富，而且背上了一大堆债务。但是他发誓要东山再起，不久他又积累了巨额财富。

有人问那位银行家是如何东山再起的，银行家回答说：“很简单，那是因为我从来没有改变从父母身上继承下来的天性。从我早期谋生开始，我就认为要以乐观的心态看待事物，永远不要在阴影的笼罩下生活。我总是有理由让自己相信，实际的情况比设想的要好得多。我相信我们的社会到处都是财富，只要去工作就一定会发现财富、获得财富，这就是我成功的秘密。”

哈佛大学总是让学生们在心里永远充满阳光。所以，哈佛大学的学生懂得，在面对责任时，不会把自己宝贵的精力浪费在无谓的苦闷上，相反，他们会坚毅地勇往直前，在完成人生目标的道路上，不断收获、不断进取。

心理学专家指出：虽然一个人乐观的心态多半是与生俱来的气质，但是它也可以像其他习惯一样，慢慢锻炼、培养起来。生活可以是丰富多彩的，也可以是低沉落魄的，这主要取决于从生活中体会到的是快乐还是磨难。我们可以从两个方面来看待生活：积极、灿烂的一面，消极、阴郁的一面。我们可以借助意志的力量来做出这一选择，培养出乐观、积极的生活态度。要时刻鼓励自己，用乐观的眼光而不是悲观的态度，来看待生活中和周围的一切事物。

第三辑

发挥自控作用，有效掌控自己的行为举止

大多数时候，我们任由大脑自发地产生想法和执行相应的行为，而没有意识到这个想法只是大脑产生的，我们其实可以控制自己的行为。我们可以透过自制的方法管理自己的行为，保持清醒和自主，这才是成熟的心灵管理。

不能克制自己的人就是个奴隶

歌德说过："谁不能克制自己，他就永远是个奴隶。"我们的生活在不断诠释这个道理——善于克制自己，才有可能走向成功，拥有完美无憾的人生。生活难免会有磕磕绊绊，每个人从潜意识上首先要端正生活态度，学会克制自己。如果克制不住激情和欲望的魔力，被它们所牵制，随波逐流，就难以成就事业，甚至走向自取灭亡的可悲境地。

在20世纪60年代早期的美国，有一位很有才华、曾经做过哈佛大学校长的人，竞选美国中西部某州的议会议员。此人资历很高，又精明能干、博学多识，看起来很有希望赢得选举的胜利。但是，在选举的中期，有一个很小的谣言散布开来：三四年前，在该州首府举行的一次教育大会中，此人跟一位年轻女教师"有那么一点暧昧的行为"！这实在是一个弥天大谎！这位候选人对此感到非常愤怒，并尽力想要为自己辩解。由于按捺不住对这一恶毒谣言的怒火，在以后的每一次集会中，他都要站起来极力澄清事实，证明自己的清白。

其实，大部分的选民根本没有听到过这件事，但是，现在人们却愈来愈相信有那么一回事，真是越描越黑了！公众们振振有词地反问："如果他真是无辜的，他为什么要百般为自己辩解呢？"如此火上加油，这位候选人的情绪变得更坏，也更加气急败坏声嘶力竭地在各种场合下为自己洗刷，谴责谣言的传播。然而，这更使人们对谣言信以为真！最悲哀的是，连他的太太也开始转而相信谣言，夫妻之间的亲密关系被破坏殆尽。最后他失败了，从此一蹶不振！

哈佛大学教授玛格丽特·摩尔研究发现，懂得克制自己的人是理性的人，这样的人冷静从容，有十足的信心控制局势，能够不急躁，有次序地前进，而且有始有终。

生活中，我们有时会遇到一些恶意的指控、陷害，更会时常遇到种种混乱的行为！有些人会因此大动肝火，结果把事情搞得越来越糟！而有些人则能很好地控制住自己的情绪，控制住自己心中的“魔鬼”，泰然自若地面对各种刁难和不如意，在生活中立于不败之地。

在1980年美国总统大选期间，里根在一次关键的电视辩论中，面对竞选对手卡特对他在当演员时期的生活作风问题发起的蓄意攻击，丝毫没有愤怒的表示，只是微微一笑，诙谐地调侃说：“你又来这一套了。”一时引得听众哈哈大笑，反而把卡特推入尴尬的境地，从而为自己赢得了更多选民的信赖和支持，并最终获得了大选的胜利。

在面对别人的恶意指控、陷害时，应泰然处之，静观其变，也就达到了以不变应万变！人生路上，我们会无数次被自己的决定或碰到的逆境击倒、欺凌甚至被碾得粉身碎骨，让我们觉得自己似乎一文不值。但不管发生了什么，只要我们在潜意识里认为自己是高贵的，我们的精神就不会倒，我们就不会丧失自己的价值。

要知道，一个我行我素的人，是难以在某一领域取得突破的。因此，必须要约束自己，制约自己那些不良的行为。一个人若不能控制自己，思想总被其他各种思想干扰、左右的话，这样的人最终会迎来灾难。

要想更好地适应社会、取得成功，就有必要控制自己的情绪，理智地、客观地处理问题。不过控制并不等于压抑，积极的情感可以激励我们进取上进，加强与他人之间的交流合作。如果把自己的许多能量消耗在抑制自己的情感上，如此，不但容易患病，并且将没有足够的能量对外界做出强有力的反应。所以，一个拥有超强意志力的人应是一个能娴熟地调控自己的人。

哈佛为什么推崇“自控力”

所谓自控力，简单地说就是自我控制的能力，指一个人为完成某项任务而控制自己的情绪、约束自己言行的能力，是一个人在事业上取得成就的重要条件。

具备自控力的人，通常善于把握自己。无论何时何地都能明确地知道自己应该做什么，凡事都会有条不紊，最终把事情做好。而没有自控力或缺乏自控力的人，往往办不成大事，想到哪里做到哪里，因此也浪费了很多宝贵的时间。

在我们身边，缺乏自控力的人比比皆是。这类人通常整天上网冲浪、与网友聊天，沉溺于琐碎的、无关紧要的工作当中，或者找各种借口拖延工作……

哈佛大学对许多小学生的调查表明，成绩落后或愚笨的孩子，大多缺乏自控力；而优秀学生的最大共同之处，就是拥有自控力。同样，在成人的世界中，那些成功者通常具有极强的自控力，能够让一时的欢乐或陶醉服从于长期的幸福；而失败者则往往缺乏自控力，沦为情绪的奴隶。

成功除了需要坚持不懈外，许多其他因素也是至关重要的，例如诚信、冷静、不拖沓等。但是，这些好习惯都离不开良好的自控力。如果缺乏自控力，要养成好习惯只能是空谈。综观人类历史，我们可以发现，越是成绩突出者，其自控力越强。只有真正能够掌控自己，才能掌控一切，战胜自己才是最完美的胜利。所以说，自控力是世界上最强大的力量与财富。

成功学家拿破仑·希尔经过数十年的研究和探索，总结出了成功学的17条准则，这些准则被人们誉为“黄金定律”。其中，成功学准则的第五条就是“要有高度的自控力”。

在美国的一家大型百货公司，拿破仑·希尔曾亲眼目睹了一件事。这件事充分说明了自控力的重要性。

在这家百货公司负责受理顾客投诉的柜台前，围着一些投诉的顾客。柜台后是一位年轻的小姐，她正在接待这些愤怒的顾客，只见她满脸微笑，耐心地指导这些顾客前往相关的部门去解决问题，丝毫未流露出憎恶的表情。见此情景，拿破仑·希尔对她的自控力大感惊讶。

站在这位小姐身后的，是另一位年轻女郎。这位年轻女郎在一些纸条上写了一些字，然后把纸条交给站在前面的那位小姐。这些纸条简要地记下了顾客投诉的内容，却省略了顾客尖酸而愤怒的语言。

原来，站在柜台后面、面带微笑地接待这些顾客的小姐是一位聋人。身后的年轻女郎是她的助手，助手通过纸条把所有必要的事实告诉接待小姐。

拿破仑·希尔对这种安排十分感兴趣，于是就去拜访这家百货公司的经理。经理告诉拿破仑·希尔，他之所以挑选一位耳聋的小姐负责公司这项艰难而又重要的工作，是因为他一直找不到其他具有足够自控力的人来完成这项工作。

这个理由让拿破仑·希尔感到既意外又惊讶。此后，每当他因为自己不喜欢的评论感到不快时，就立刻想起那名接待小姐自制而镇静的微笑，心情也不知不觉地平静下来。

哈佛大学的心理学家们发现，良好的自控力可以使人们在任何场合，面临任何问题，受到任何影响时，都能始终如一。在我们成功的道路上，最大的困难通常不是缺少机会或资历尚浅，而是缺乏对自己情绪的控制。

人的选择包含着一种理性，只有当理由足够充分时，人才会产生自控力。一个充分的理由就完全可以构成一项动机，我们可以将其作为行动的依据，然后会发现，自己的心态发生了改变。而心态带来的变化，会直接影响我们的生活。

自控力是一种为人处世的方式，人们可以通过它来指导自己的思想和行为。自控力不仅是下定决心的决断力，也不仅是用来感悟理解的决断力或进行构想的想象力，自控力是指所有“进行自我引导的精神力量本身”。

美国哈佛大学的教授罗伊斯说：“从狭义的角度讲，自控力通常是指我们全部的精神生活。而正是这种精神生活，在指引着各种各样的行为。”

自控力成为许多人获得成功的先决条件。与自控力相伴而来的，则是相应的积极行为和意志力。只有产生积极的行为，我们获得成功的机会才会相应地增多，我们的人生才会因此而发生改变。

美国副总统亨利·威尔逊就是一个自控力非常强的人。10 岁时，他离开家乡，在外地当了 11 年学徒工，每年可以接受一个月的学校教育。这 11 年的艰苦工作之后，他只得到了一头牛和六只羊作为报酬。威尔逊将这些报酬换成了 84 美元。

据威尔逊回忆，从出生一直到 21 岁，他从未在娱乐上花过一分钱，每一美分的花销都是经过精打细算的。然而在 21 岁之前，他却已经设法读了 1000 多本好书——恐怕这对于大部分人来说是难以做到的。21 年从未在娱乐上花过一分钱，这当是强大自控力的典范了。然而，正是这种强大的自控力所带来的各种积极的态度和行为，最终让威尔逊登上了美国副总统的宝座。

自控力通常表现在两个方面：一是善于迫使自己执行决定的计划；二是善于抑制与自己的目的相违背的愿望和行动，也就是强迫自己去做该做的事，甚至是不喜欢的事。不管是哪个方面都需要我们做出艰难的决定，也需要付出实际的行动。只有这样，才能达到最终的目的，获得成功。

自控力产生于与意志的搏斗

有这样一句名言："世界上聪明的人很多，但成功的人很少。"这说明社会上的大部分人无法很好地控制自己的行为，因为外界的诱惑实在是太多了。明知道多学习对自己的成长有益，却抵挡不了电视、娱乐的诱惑；明知道工作更努力一点儿对晋升加薪有利，却无法控制自己的惰性；明知道勤俭节约是理财的第一要素，却难以抗拒大手大脚花钱和购物的欲望……

生活中每一个需要克服的障碍，都离不开意志力。面对一次次艰难的选择或决定，我们所依靠的往往都是内心的力量。

哈佛大学研究发现，意志力也并非生来就有不可改变的特点，它是一种能够培养和发展的技能。意志力是"控制人的冲动和行动的力量"，其中最关键的是"控制"和"力量"这两个词。"力量"是客观存在的，而问题就在于如何"控制"它。

我们知道，自控力可以改变一个人的一生，是一个人获得成功的先决条件。一个具有良好自控力的人，通常能很好地控制自己的注意力、情绪和行为，很好地应对压力、解决冲突、战胜逆境，事业也更容易成功。而要想提升自控力，就需要克服意志力薄弱这一缺点。因此可以说，自控力的增强与提升，来源于与薄弱意志的搏斗。如果自控力战胜了薄弱的意志，那么自控力就会得到提升，目标也更容易实现，相反，如果自控力屈从于薄弱的意志，那么不论做什么事，只要遇到一点儿困难，就可能半途而废，最终一事无成。

自控力是一个人获得成功的最强大动力。一个人只有具有善于自我克制的坚强意志力，才能承受常人难以承受的苦难，征服常人难以征服的障碍，从而完成常人难以完成的事业。综观历史，放眼世界，但凡那些成功人士，无一不是自控能力非常强的人。

自控力重要，但它却不是天生的，是可以通过后天培养的。随着年龄的增长、阅历的丰富，人的自控力也会不断增强。但要想让自己的自控力更强，以至于可以控制自己的某些形成多年的坏习惯，那就需要坚定的意志力了。

90%以上的人没有取得自己梦想中的巨大成功，为什么？因为90%以上的人意志力不够坚定，自控力差。意志力是否坚定，只会在遇到坎坷的时候反映出来。意志力坚定的人，遇到瓶颈时能够坚持，并突破瓶颈，达到新的高峰。拥有坚强的自控力，才能化挫折为荣耀，赢得自己的成功。

哈佛大学的一位心理学家曾研究过一组打算从新年起改变自己行为的实验对象，结果发现，最成功的是那些目标最具体、明确的人。其中一名男子决心每天对妻子和颜悦色、平等相待，他最终做到了；而另一个人只是笼统地表示要对家里的人好一些，结果没几天又恢复了老样子，照样吵架。

可见，为自己设立明确的目标，对克服薄弱的意志力大有帮助，从而能在一定程度上提升我们的自控力。

这位心理学家认为，不要给自己设立一些模糊的目标、说一些空洞的话，如"我打算多进行一些体育锻炼"或"我计划多读一点儿书"，而应该具体、明确地表示"我打算每天早晨步行45分钟"或"我计划周一、周三、周五晚上读一个小时书"。这样具体的目标不但明确，而且更容易实现。

如果没有明确的目标，就不要随便做决定。要学会用自己的头脑判断目标是否具有足够的说服力。积极投身于实现自己目标的具体实践中，要坚持到底。

哈佛大学的心理学家还发现，一个人的专注能力往往也决定其自控力。持续的、毫不松懈的专注力，是自控力修习中突出的要素。在他们看来，专注力是影响意志力的惟一要素。能够将自己不喜欢的事物摆在眼前，直到自己对它产生兴趣，这样的人一定可以成功。

所以，提升专注力也是增强意志力的一个关键因素。下面这几种方法，可以在一定程度上帮助我们提升对某件事的专注力。

尽可能地排除周围所有的干扰源，把所有可能会影响我们专注状态的东西全部切断，让自己的精神更专注。比如在写文章、报告或论文时，可以断开网络链接，同时将手机调到静音状态，然后找一个独处的环境开始写作，直到写完。

在做事前，先做好时间规划，列出当天要完成的事，然后逐件完成，这样一来，做事效率会明显提高。但在切割时间时，要注意在每件事之间预留空档，这样当临时有其他事情插进来时，才不会打乱自己的计划。

随着工作时间的拉长，专注力也会降低。这时不妨先停下手边的工作，专心去“分心”，也就是暂时转移注意力，如倒杯水、闭目养神、到外面走走等。当整理好思绪再工作时，就能够重新找回专注力。

对内接受自我，对外控制行动

哈佛大学调查发现，近几年来，想要以坚强的意志来控制自己的情绪和行为的确变得越来越不容易，因为我们身边的诱惑太多了。快节奏的生活方式、充满诱惑的社会环境、碎片化的网络生活等，让我们的意志力越来越容易失控。最明显的一个问题就是：现在越来越多的年轻人将自身的效率低下归咎于患上了拖延症。据有关资料统计，在哈佛大学，大约有十多万网民在网络上吐露自己对于拖延的苦恼。心理学家认为，拖延是一种与自我控制相对立的冲动。但事实上，这种冲动不仅仅表现为拖延，还表现出许多其他症状，如焦虑、紧张，甚至强烈的失控。

人的意志力为何会失控？精神生物学家通过研究认为：人类大脑的前额皮质被分为三个区域，分别管理着“我要做”、“我不要做”和“我想要做”三种力量。掌管着“我不要做”力量的区域，可以帮助人们控制冲动。事实上，人们时刻在大脑中的“控制的自己”和“冲动的自己”之间徘徊，当“冲动的自己”战胜“控制的自己”时，人就会失控。

在现实生活中，当我们面对自控力不足的情况时，通常会对自己比较狠，时刻在大脑中强制性地控制自己的欲望，但其实这样做的作用并不大。

哈佛大学的一位心理学家做了这样一个有趣的实验：将准备减肥的人分为两组，要求其中的一组在面对一盘巧克力时，强迫自己忘掉想吃巧克力的欲望，严格控制自己的食欲；而另一组在发现自己想吃巧克力时，勇敢地接受自己内心的想法和感受，并提醒不要顺着这种想法和感受去做，而是控制自己的行为。结果证明：没有强制自己忘掉吃巧克力的想法的人，所吃的巧克力要比另一组人少得多。

可见，当我们面对欲望和冲动时，对内接受自我，对外控制行动，或许能收到更好的效果。

1952 年，正在美国某大学执教的爱因斯坦接到以色列共和国的邀请，让他就任以色列共和国的总统。然而，对这个许多人都垂涎的总统宝座，爱因斯坦婉言谢绝了，他说：“我对自然界了解不多，对人就更一无所知了。我整个一生都在同客观物质打交道，因而，既缺乏天生的才智，又缺乏处理行政事务以及公正待人的经验，为此，我不适合担当如此重任，且不谈高龄的衰老已经在减少我的精力了。”这些由衷之言，体现了爱因斯坦能够接受自我不足同时也能控制自我行为的优点。

我们必须敢于诚实地承认自己的强项和弱点。随着我们对自己的了解日渐加深，我们将变得更有能力去控制自己的某些行为，并且更成功地将自己的个性特点同我们人生中那些正确的方面联系起来。

在生活当中，每个人都有其强项和弱点、长处和短处，但却不是每个人都能很好地认识到自己的弱点和短处。情绪也是一样，为此我们一定要承认自己情绪中的弱点和短处，不要回避，也不要视而不见。

我们一定要承认自己脑海中的欲望及渴望某种事物的感觉，不要马上转移注意力或与之斗争，而是告诉自己：这种想法虽然并不受我控制，但我可以选择在行动上不予理睬。

我们在遇到较强的情绪刺激时，强迫自己冷静下来，迅速分析一下事情的前因后果，再采取表达情绪或消除冲动的“缓兵之计”，尽量不让自己陷入冲动鲁莽、简单轻率的被动局面。

当要控制不住自己时，可及时采取暗示、转移注意力等方法自我放松，鼓励自己接受这种坏情绪，但也要克制冲动鲁莽的行为，或转身去做些简单、愉快的事，逐渐让自己冷静下来。冷静下来后，要认真分析：冲突的原因是什么？解决问题的方式有哪些？哪些解决方式是冲突双方都能接受的？找出最佳的解决方法，并采取行动，这样，就能有效地控制自己。

我们的行为缘何会失控

哈佛大学在研究人心理的时候，往往去研究人的行为，因为行为是心理活动的外在表现，对人们的生活和工作具有最直接的影响。

试想一下，假如我们失去了一切行为能力，那么生活和工作将会怎样？我们不能吃饭，不能与别人进行交往互动，无法参加学习和工作，无法实现自己的理想。可见，行为能力对于一个人来说非常重要。

不同的行为会导致不同的结果。比如工作时，一个人集中精力工作与三心二意地工作所完成的工作任务量，以及任务的完成质量都会存在很大的差别。在人群中，行为举止文雅有礼、风度翩翩的人往往比行为举止粗鲁无礼的人更受欢迎。

可见，行为对人们的生活与工作的影响非常大。正因如此，行为控制是自我控制中最为重要的内容之一。

哈佛大学的心理学家从生活中发现，很多时候人们都需要对自己的行为进行刻意的控制。对此，心理学家进行了有关行为控制的实验研究。结果发现，人类的很多行为都与自控力存在关联。

那么行为控制与自控力存在多大关联呢？哈佛大学通过实验来验证了一下。

2006年，哈佛大学教授斯图克和鲍梅斯特进行了一项验证性实验研究。实验开始之前，实验者先将被试者随机分成两组：实验组和控制组。

实验者让实验组的被试者先完成一些自我控制任务，使他们的意志力在自我控制中被消耗。从而使实验组的被试者在进入到下一个实验任务时，其意志力处于耗竭状态。

控制组被试者没有参加自我控制任务，他们在进入到下一个实验任务时，意志力处于正常状态。

然后，斯图克教授让两组被试者对实验者进行评价。这个评价与实验者的职业前景相关。实验者以被试者所给的评价作为评估被试者的攻击性水平的标准。

最后，实验者对两组被试者的评价进行比较分析。分析之后，实验者发现，实验组比控制组做出的评价更负面，即实验组的被试者攻击性水平更高。

2007年，斯图克教授进行了一项关于消费行为的实验研究。

实验以大学生为被试者。和上述实验一样，实验者先将被试者随机分成两组：实验组和控制组。并让实验组被试者完成一些自我控制任务，而控制组被试者则什么都不做。从而使实验组被试者在进入到下一个实验任务时，其意志力处于耗竭状态；而控制组被试者的意志力则处于正常状态。

然后，实验者给被试者呈现18种商品，并让他们评估所呈现商品的价格。实验者以被试者给出的商品价格为标准，评估其冲动消费的可能性和自控力水平。当被试者愿意花更多金钱购买某件商品时，代表他对自己消费行为的控制能力较低。

实验者对两组被试者评估的价格进行对比。结果，实验组被试者给出的商品价格远远高于控制组被试者给出的价格。

接着，斯图克教授对意志力与欺骗行为的关系进行了研究。

斯图克教授先将被试者随机分成了两组：实验组和控制组。然后，斯图克教授让实验组完成一项需要自我控制的任务，写一篇不包括字母H和N的短文。而控制组的被试者则只需要写一篇不包括字母X和Z的短文。前一个任务所消耗的意志力更多。

任务完成后，斯图克教授让两组被试者填写一份问卷。问卷上一共有25个问题，问题后面有答案选项，被试者需要从中选出正确答案，并将正确答案填到答题卡上。斯图克教授告诉被试者，他们每答对一道题便会获得0.1美元的报酬。

斯图克教授把关于任务的相关规则告诉被试者后，拿出两张答题卡，并抱歉地告诉被试者：答题卡只剩下两张，其中一张上面涂有正确答案的痕迹，但是被试者仍然可以在上面写下自己的答案，而另一张则是崭新的答题卡。斯图克教授让被试者自主选择一张答题卡答题。

假如被试者选择崭新的答题卡，这说明他不愿意作弊欺骗实验者。假如被试者选择旧答题卡，那么被试者就可以参照上面的正确答案的痕迹选择出正确答案，而这是一种欺骗行为。因此，当被试者选择旧答题卡时，实验者以其答对的正确题数作为判断他欺骗行为水平的标准，被试者所得分数越高，则认为其欺骗行为水平越高。

斯图克教授统计实验所得数据后发现：实验组比控制组更倾向于选择旧“答题卡”，选择旧答题卡的被试者中，实验组被试者答对的题目数量显著高于控制组的被试者。

因此，斯图克教授认为，相对于控制组被试者，实验组被试者更经不住诱惑，欺骗行为更严重。

从三个实验中，斯图克教授基本上可以确定：当个体的意志力耗竭时，各种行为的控制力下降，个体更难抗拒诱惑，更难控制自己的冲动。行为控制是自我控制中非常重要的内容之一，行为控制的效果跟个体的意志力水平有很大关联。由此，我们可以获得以下启示。

个体应该针对自己的意志力状态进行行为控制。当个体意志力耗竭时，个体行为控制能力降低，攻击性行为、冲动行为等更容易出现。因此，在意志力被大量消耗后，我们应该尽量避免引起这些行为的刺激。比如，容易冲动消费的人，最好不要在下班后去商场或超市购物，这个时候往往比较难以控制自己。

当意志力耗竭时，应该通过放松、休息的方式尽快让意志力得以恢复，或者通过补充能量，让意志力得到补充。这样，我们才能尽快地将意志力调整到一个较好的状态，从而加强行为控制。

当这两者都无法做到时，我们只能尽量在这种时候提高警惕，以免行为失控。比如在外界刺激下，及时想象冲动行为将会带来的后果，从而克制自己的冲动，加强对行为的控制。

除此之外，我们还可以按照自己的意志力状态分配行为控制任务。一般而言，每天上午的意志力资源会比较充足，而下午则相对差一点。因此，我们可以将那些对自控力要求较高的行为任务（如某些令人抓狂的工作任务）放在上午进行，而将相对轻松点的工作放在下午。

行为控制能力与个体意志力密切相关，当意志力资源充足时，行为控制能力也相对较高。因此，我们可以通过锻炼自己的意志力，来增强自己的行为控制能力。

我们可以选择适合自己的方式进行控制练习，从而增强自己的意志力，加强行为控制能力。比如通过对自己身姿的控制练习，可以有效地提高自控力水平。

破“界”后，人就会失控

在自我控制过程中，我们都会给控制的内容设定一定的界限。比如，控制自己专心工作的人，会限定自己每天需要完成的工作量；节食的人，可能会限定自己每天应该吃多少热量的食物。

只不过，自我控制的界限虽然是有了，但它被打破却是很普遍的事。虽然限定了每天的工作量，但是却可能因为某些原因导致自己无法完成。比如突然接了个意外的电话，耽误了很长时间。

界限被打破的原因很多。有时候是个体自己经受不住诱惑而放弃坚持，有时候是因为某些意外事件，或者不得以的原因。比如，一个人正在戒酒，但是因为工作的原因，却可能无法避免饮酒。

不过，界限被打破的原因并不是我们所关心的，我们想要知道的是，人们在界限被打破之后的反应，即自我控制的界限被打破之后，个体的自我控制会出现什么样的变化，是破罐子破摔，还是立即进行补救？

对此，我们来看哈佛大学所做的一个关于节食的实验，实验的结果会告诉我们答案。

哈佛大学的赫尔曼博士对“个体对自己的欲求行为的自我调节和控制”

的相关问题进行了深入研究。

在其中一项实验中，赫尔曼博士以一些正处于节食过程中和一些没有节食的人做被试者。赫尔曼博士让被试者在实验开始之前的几个小时内禁食，从而使他们参加实验前处于一种“饥饿状态”。

赫尔曼博士将被试者分成三组，并使每一组都有一两种被试者成员。被试者到达实验室后，实验者给第一组被试者一小杯奶昔，第二组被试者两大杯奶昔，没有给第三组被试者任何食物。其中，一小杯奶昔的量只能缓解一下被试者的饥饿，而两大杯奶昔的量可以让一个正常人觉得吃饱了。

被试者喝完奶昔之后，实验者将他们带进一个小隔间。隔间里面放着一盘薄饼和曲奇，还有一张评价表。赫尔曼博士告诉被试者，因为想知道人们对零食口味的看法，所以请他们帮忙品尝食物，并对食物进行评分。被试者在品尝过程中，想吃多少就吃多少，假如吃光了，还可以再要。

上面所说的这个目的是假的，赫尔曼博士真正的目的是想要知道不同的被试者在品尝食物时，吃下的薄饼和曲奇的数量是否存在区别。因此，赫尔曼博士隐蔽地记录下被试者吃下的薄饼和曲奇的数量。

结果，实验者发现，喝了两大杯奶昔的非节食被试者，只是咬了一下薄饼，就迅速地填写了评分表；喝了一小杯奶昔的非节食被试者，相对来说吃了更多薄饼，才开始填写评分表；而什么都没吃、仍然饿着的非节食被试者，则在评分过程中吃了很多的薄饼和曲奇。这种现象正在实验者的预料之中。

但是，正处于节食的被试者的反应则出乎了赫尔曼博士的预料。他们之中喝了两大杯奶昔的被试者比什么都没吃的那组被试者吃了更多的薄饼和曲奇。

这个实验结果令赫尔曼博士感到惊奇。赫尔曼博士对它进行了分析，认为这可能是因为节食者心中对每日摄入的卡路里量都有一个界限。当节食者喝下两大杯奶昔时，他们会认为这已经超过了界限，继而认定这一天的节食计划失败了，只能从第二天再重新开始节食。于是，他们对这一天接下来的饮食控制突然减弱，继而在品尝过程中吃下更多的食物。

不过这只是赫尔曼博士的一种设想，为验证这种设想是否正确，实验者进一步对此进行了实验研究。

因此在另一个实验中，赫尔曼博士同样让节食者和非节食者在实验之前一段时间内禁食，使他们在实验前处于一种饥饿状态。

赫尔曼博士将他们带到实验室后，分别给两种被试者中的一些被试者足够的食物。这些食物的热量超过了节食者给自己每日限定的界限。

然后，赫尔曼博士给所有的被试者端上三明治。其中每块三明治都被切成了4小块。当被试者停止吃三明治时，赫尔曼博士突然问每个被试者吃了多少块三明治。

结果，大部分被试者都正确地回答了赫尔曼博士的问题，但是，那些之前吃过食物的节食者的回答则大部分不对，不是高报了吃下的三明治的数量，就是少报了。赫尔曼博士认为，这表明吃过食物的节食者已经忽略了三明治带来的负面影响。

可见，当一个人设定的界限被打破后，他对自己的控制也会放松。在自我控制过程中，当个体给自己设定的界限被意外打破时，个体更容易放松对自己的控制，更容易忽略放松控制所带来的负面影响。虽然上述实验的内容只针对节食中出现的破“界”现象进行研究，但是，实验所得的结果却可以应用在其他方面的控制上。从上述实验中，我们可以得到以下启示。

从实验中，我们可以看到一种发生在节食者身上的普遍现象。当他们给自己设定的限制被意外打破后，他们会在接下来的时间内放松饮食控制。他们会认为今天的节食计划已失败，只能明天再重新开始。在他们眼里，节食计划是断层的，是没有关联的。但事实上，食物产生的影响是持续累积的。今天所吃的食物对我们产生的影响不会明天就消失。

它会累加在过去的状态上，形成一种新的状态，并成为明天以及以后所要面对的问题。也就是说，节食者每放纵一次，就会为他今后的节食计划添加一份压力。

因此，“今天已经节食失败就可以放纵地大吃大喝”的想法是不够理性的。它会阻碍节食者达到自己的目标。

上述实验对其他方面的自我控制也存在一定启示。实验中出现的情况也可能会出现在其他方面的自我控制上，只不过所产生的影响可能会有所差别。

对于锻炼身体的人来说，偶尔放弃一次锻炼对整个锻炼计划产生的影响可能较小。但对那些控制自己的休闲欲、交往欲，从而让自己认真工作的人来说，这种现象所产生的影响可能会比较大。

很多人在上午没有完成给自己设定的工作量时，会觉得自己肯定无法完成今天的工作量，从而在下午工作时放松对自己的控制。但事实上，工作量是累积的，下午完成的工作量不应该受到上午完成量的影响。甚至应该对事情进行积极的补救，即在下午尽量多完成一些工作。

因此，在其他方面的自我控制上，我们也应该针对自我控制行为的性质，适当地提醒自己警惕实验中出现的这种现象，避免行为失控。

当自我控制的界限被打破之后，我们应该做的是调整好自己的心态。比如，有些人会觉得这是自我控制失败的表现，继而对整个自我控制过程失去信心，放松或者放弃自我控制。

我们应该接纳自我控制界限被打破的现实。自我界限被打破是很正常的事情。有时候，它的出现是因为一些意外因素，有时候是迫于压力，而有时候则是自控力下降所导致的。在诸多因素的影响下，我们难以避免这种状况的出现。不过，我们可以寻找合适的方法，避免或者降低这种状况对自我控制产生的负面影响。

所以，当设定的界限被打破时，一定要提高警惕，警惕自己产生破罐子破摔的放纵心理。可以告诉自己，做任何事都是一个长期坚持的过程，中间任何一次放纵都会对整个计划造成很大的负面影响。另外，当自我控制界限被打破之后，我们应该尽量避免那些会诱发我们失控的刺激源。除此之外，我们可以想象一下暂时放松自我控制所带来的后果，来加强自我控制。

可以借用别人的监督力量

哈佛大学的心理学教授在研究人的“自控”问题时发现一个奇怪的现象：别人的监督，也许能够帮一个人成功控制自己的行为。他们发现，有时候，人们会在自我控制过程中给自己找个“战友”。自己和“战友”有着共同或者类似的自我控制目标，执行着类似的自控计划。

哈佛大学的露丝博士有个朋友想要早起锻炼身体，但是却苦于找不到同盟。露丝博士问他：“一个人不行吗？”朋友说：“也不是不行，但是一个人会觉得很无聊，很容易放弃。而有个人一起的话，就可以相互监督，共同进退，那样会坚持得更久。”

露丝博士发现，这种现象其实很常见，比如，哈佛大学的很多学生在考取某些证书时，都会给自己找些伴儿。不是拉着朋友一起参加，就是加入一个考证的团体。

为什么人们都愿意在进行自我控制时，寻找目标相同或者相似的“战友”呢？难道“战友”能够提高一个人的自控力水平吗？人是一种群居动物，更喜欢生活在群体中。所以心理学家在研究人类的心理现象及其发展规律时，也会研究人类在群体中的心理现象。这一类型的心理研究形成了专门的学科：群体心理学。心理学家对群体心理学的定义是：研究结成群体的人们的心理现象、心理活动的社会心理学。

在研究群体心理学的时候，人们发现了很多群体现象，比如从众（指个体受到人群的影响，在自己的知觉、判断、认识以及行为上表现出符合于公众舆论或多数人的行为方式）、群体极化（指在群体中进行决策时，人们往往会比个体决策时更倾向于冒险或保守，向某一个极端偏斜）、社会助长等。这些群体现象证明群体对个体心理存在影响。

那么群体是否会影响个体的自我控制行为呢？下面是哈佛大学所做的一项实验，看哈佛大学的心理学家是怎样研究这个问题的。

以一群从一个非营利组织获得贷款的人为被试者。其中大多数是低收入的女人。实验者先将这群被试者随机分成两组。然后给予其中一组被试者一个免费的储蓄账户，让他们往里面存钱。而另一组被试者，实验者除了给予他们免费的储蓄账户让他们往里面存钱之外，还安排他们定期集会。在集会上，实验者让被试者相互宣布自己的储蓄目标，相互讨论储蓄计划的进展。集会每一两周开展一次，其目的是让被试者相互监督彼此的还款情况。

一段时间后，实验者将两组被试者存下的钱的数量进行对比。结果发现，第二组被试者（参加集会的那组被试者）存下来的钱几乎是第一组被试者的两倍。

从这个实验的结果中，实验者看到了团体监督的力量。但是为了进一步验证群体压力对还贷的影响，实验者进一步展开了后续研究。

这个实验与上述实验的内容基本相同。只不过，实验者没有再让被试者们进行集会，他们也没有机会再讨论储蓄进展和储蓄目标。而是定期给他们发送短信，向他们报告他们以及团体中其他人的储蓄计划进展。

在一段时间后，实验者检查这些被试者的储蓄情况。结果得到了和上述实验相似的发现。定期接收到短信的被试者比没收到短信的被试者存下的钱更多。这证明，这种方法和集会一样，能够促进个体坚持省钱、存钱的意志力。

实验者认为，集会和短信都能起到监督的作用。综合两个实验的结果，可以证明是两者共有的监督作用促使被试者坚持省钱、存钱。因此，实验者得出，群体的监督压力有利于个体坚持储蓄，帮助个体进行还贷。

这个实验研究是群体压力对个体存钱还贷的影响，从这个实验中看到了群体压力对自我控制的影响。

存钱还贷对于低收入的人来说，是一项需要克服困难才能坚持的事情。因为他们的欠款本来就是因为所挣的钱不够，或者不合理消费等因素导致的。所以让他们存钱还贷，需要他们在行为习惯上进行一定的改变。有可能是通过加大工作量来增加收入，也有可能是改变自己的消费习惯，过节俭的生活。无论哪一种方式，都需要个体的意志力参与，需要个体的坚持。可见，存钱还贷对于上述被试者来说，是一种自我控制行为。因此，心理学家认为，这个实验的结果表明了群体的监督有利于个体进行自我控制。

哈佛大学的心理学家经常利用群体成员相互监督的方法，来帮助一些人戒烟、戒酒等。他们往往会介绍戒烟者们相互认识，组成一个小团体。然后，每隔一段时间就把他们聚在一起，让他们讨论自己戒烟的进展、感受以及戒烟方法。这样，可以让戒烟者从他们的同伴那里获得支持，加强他们对自我控制的坚持。

这种方法除了可以用在戒烟、戒酒等戒断行为上，还可以用在其他方面的自我控制过程中。比如，我们可以在减肥过程中寻找一些志同道合的人，组成一个群体，每隔一段时间进行交流讨论，了解彼此的进展和体验。甚至可以一起执行减肥计划。这样，不但能够提高整个减肥过程的乐趣，还能够有效地利用别人的监督力量，监控自己的减肥过程，从而使自己能够坚持执行减肥计划。

自我控制过程需要与有效的自我监控结合到一起。因为只有这样，我们才能针对反馈得到的监控结果进行调节与控制。

上述实验中，当有人监控被试者的储蓄计划进展时，被试者存的钱会更多。由此可以得知，监控过程对于自我控制来说非常重要。

有效的监控和反馈可以让个体及时得到自我控制过程中的信息，并做出相应的调整。这样，有利于加强个体自我控制的灵活性，使整个自我控制计划更容易成功。

不过很多人在自我控制时，都忽略监控与反馈的重要性，监控和反馈不及时。从而导致自我控制适应性降低，给人带来更多的负面体验，让自我控制变得更加艰难。

人要自由，就先要自制

哈佛大学心理学家指出，自制力就是控制自己的能力，是指能够完全自觉地、有意识地控制自己的情绪、支配自己行动的能力。

自制意味着自由。对此，哈佛大学教授伍迪斯说：“一个能自制的思想，是自由的思想，自由就是力量！有时，为了获得真正的自由，必须暂时尽力约束自己。”高度自制才能实现高度自由，为了获得真正的自由，必须暂时尽力约束自己。

伍迪斯教授也这样严厉地要求他的学生们，目的就是要磨炼学生的意志力，让他们形成一种自我约束、自我控制的能力——自制力。

自制是一种很重要的意志表现，也是一种很重要的情商。在生活中我们可以发现，能镇定且平静地注视一个人的眼睛，甚至在极端恼怒的情况下，也不会发一丁点儿的脾气，这种人有一种无比强大的力量，而他们往往也是某个领域或者某个区域的王者。

有一个经验老到的间谍，不幸被敌人抓获。在接受审讯的时候，这个间谍装聋作哑，什么也不说。任凭敌人用怎样的方法诱问他，他都决不会为威胁、诱骗的话语所动。等到最后，审问的人也许会故意和气地对他说："好吧，看起来我从你这里问不出任何东西，你可以走了。"

这个有经验的间谍是怎样做的呢？他会立刻带着微笑，转身走开吗？不会的！没有经验的间谍才会那样做。要是他真是这样做，他的自制力是不够的，这样的人谈不上有经验。有经验的间谍会依旧像毫无知觉似的呆立着不动，仿佛他对于那个审问者的命令完全不曾听懂似的，这样他就胜利了。

原来，敌人原是想在他自由的时候，来观察他的聋哑是否是真的。一个人在获得自由的时候，常常会抑制不住情绪的反应。但那个间谍听了依然毫无动静，仿佛审问还在进行，使审问者也不得不相信他确是个残疾人了，只好说："这个人如果不是聋哑的残废者，那一定就是个疯子！放他出去吧！"

就这样，这个间谍以他特有的自制力，捡回了一条命。

我们从上面的小故事中也可以看出来：生活当中有很多时候，在很多事情上，只有具备超强的自制力才能达到目标。

苏格兰人唐纳德·麦克瑞在乡下开了一家小小的杂货店，储存了各种货物。平时他的小店窗户灰暗，布满蜘蛛网，生意不太好。

他向伦敦一家公司定了 40 磅靛青，这足以让他卖上几年的了，结果，他的订单在客户那里被写错了，变成了 40 吨靛青。公司知道唐纳德信誉很好，于是就发了 40 吨靛青给他。

面对这 40 吨靛青，唐纳德惊呆了。整整一个星期，他头昏脑胀地走来走去，一直在四处询问该怎么办，他想尽了靛青可能的所有用途。但是，老天啊，有 40 吨之多啊！

有一天，一位衣衫整洁的推销员坐着两匹马拉的大马车从伦敦来到乡下，找到了唐纳德，对他说，伦敦的公司知道是他们犯了个错误，他就是被派来处理此事的。他们可以运回已经发出的靛青，并且将付给唐纳德运费。唐纳德心想：公司如果没有什么益处的话，是不会特地派人来处理此事的。于是，唐纳德坚持说，并没有弄错。

那个推销员又说："那我们去找个小酒店，边喝边谈吧。"

唐纳德控制住了他对美酒的喜爱，心想现在必须保持清醒的头脑，所以就没有答应。那个推销员用了各种方法，试图与唐纳德谈谈，但是唐纳德都避开了，还对那人说："你如果以为苏格兰人不知道自己在做什么的话，那就大错特错了。"

情急之下，推销员说出了真相："事实上，我们得到了一个大得多的靛青订单。我们的现货不够。为此，我们可以给你500英镑的奖金来拿回发给你的靛青，另外运费仍然由我们承担。"

唐纳德摇头，他想看看对方的底线到底是多少，推销员提出的另一个价钱，也被唐纳德拒绝了，最后这个推销员完全失去了理智，把公司给他的指令和盘托出，说："喂，你这顽固的老头，5000英镑，我最多能给这个价。"唐纳德平静地接受了。

原来，当地政府的军队要用蓝色颜料来染军服，因此迫切需要购买大量的靛青。唐纳德因为非凡的自制力而发了一笔财。

自制力强的人能理智地控制自己的欲望，分清轻重缓急，然后再去满足那些社会要求和个人身心发展所必需的欲望，对不正当的欲望则坚决予以抛弃。自制力强的人处于危险和紧张状态时，不会轻易被激情和冲动所支配，不会意气用事，能够保持镇定，克制内心的恐惧和紧张，做到临危不惧、有条不紊。

或许我们会有这样的体会：当沸腾的血液在狂热的大脑中奔涌时，控制自己的思想和言语是那么困难。但一定要清楚，成为自己情绪的奴隶是多么危险和可悲。这不仅对工作与事业来说很危险，甚至还会对一个人的名誉和声望产生非常不利的影响。你是否经常因无法兑现自己的承诺而愧疚、自责、沮丧、后悔？以上问题如果你的答案为“是”的话，那么，就说明你应该提高自己的自制力了。

第四辑

控制负面情感，需要时常和情绪搏斗

强烈的负面情绪将破坏人们的注意力。当某种负面情绪无法控制地凌驾于其他思绪之上，以致不断阻挠自己对身边事物的注意时，表示情绪的影响已超过正常范围。所谓控制负面情感，就是学习一套适合自己的情绪处理方法，一旦被情绪袭击时，懂得马上自我保护，找到适当的方法消除负面情绪。

谁也不能摆脱情绪的困扰

情绪给人的体验很强烈，对行为、决策等的影响力也很大，与人的生活和工作息息相关。当人们感到烦躁的时候，会不想工作；当人们觉得愤怒时，就极有可能因为愤怒而与人发生冲突；当人们非常兴奋时，所做的决策就有可能不够谨慎。这样的例子非常多，恰好说明了情绪对人们的生活和工作存在很大影响。

因为情绪失控而导致的不良后果在足球和篮球比赛中经常出现。比如众所周知的法国著名足球运动员齐达内，他是足球场上的大师。但是在2006年世界杯决赛上，齐达内由于对方后卫马特拉齐的侮辱言辞而情绪失控，愤怒地用头撞向马特拉齐的胸部，结果被红牌罚下，也因此与大力神杯擦肩而过。

由此可见，控制好自己的情绪非常重要。哈佛大学的心理学家认为，情绪控制和其他自我控制行为一样，会消耗个体的意志力资源。情绪调控是自我控制的主要内容之一，所以在心理学家对自我控制的研究中，对情绪调控的研究也不少。其中不少实验就证明情绪的调节与控制都会消耗个体的意志力资源。

哈佛大学心理学教授鲍梅斯特和他的同事进行了一项与情绪控制相关的实验。鲍梅斯特选取了一些大学生作为被试者，并将其随机分成两组：情绪抑制组和无情绪调节组。

实验分成两个阶段。在第一个阶段中，鲍梅斯特给两组被试者观看一段时间为10分钟的电影片段。

在观看之前，鲍梅斯特告诉被试者，在观看过程中，他们的表情反应会被录像机记录下来。除此之外，实验者要求情绪抑制组在观看电影片段时，尽量压抑自己的情绪感觉，不要表现出任何情绪反应；但没有对无情绪调节组的被试者提出这个要求，鲍梅斯特告诉他们，在观看电影片段时，他们可以自然流露出自己的情绪反应，不需要对其进行掩饰、压抑或否定。

接着，鲍梅斯特又让两组被试者中的一半观看一段幽默喜剧电影；让两组被试者中剩下的另一半观看一段悲伤的电影。鲍梅斯特的目的在于，通过不同的影片引发被试者产生不同的情绪体验，即积极的情绪体验或消极悲伤的情绪体验。

电影片段观看完后，实验进入到第二阶段。在第二阶段的实验中，被试者被要求完成一项组词任务。在这个任务中，被试者需要做的是：将鲍梅斯特凌乱排列的字母重新组合成正确的英语单词。被试者被要求在6分钟内完成这个任务，而他们在这个时间内正确组合的单词数量则作为他们在这项任务中的成绩。

最后，鲍梅斯特比较两组被试者在第二阶段的任务中的成绩。发现，无论是观看喜剧电影的被试者还是观看悲伤电影的被试者，情绪抑制组的成绩都显著低于无情绪调节组。

为了验证上述实验的结果，接着，鲍梅斯特又进行了一个和上面类似的实验研究。实验开始后，鲍梅斯特先让被试者完成一项握手柄任务。被试者需要将两个很难靠拢的手柄握住，并尽可能地坚持更长的时间。鲍梅斯特的目的是测量出被试者在情绪控制任务之前的自控力水平。

握手柄任务完成之后，鲍梅斯特将被试者随机分成三组，让他们观看一段时长3分钟的影片。短片所描述的内容是环境灾难给野生动物带来的厄运。

在观看影片前，鲍梅斯特对三组被试者提出了不同的要求。要求第一组被试者在观看短片时，控制自己的情绪，尽可能地减少情绪反应，不要让自己的情绪受短片情节的影响。因此，第一组被称为情绪抑制组。对于第二组被试者，鲍梅斯特要求他们在观看短片时，尽量感受短片中的情绪，让自己沉浸其中，并尽量夸大自己的情绪表现。第二组被称为情绪反应夸大组。

第三组是控制组，鲍梅斯特除了让他们观看短片之外，没有多余的要求。

短片观看完后，鲍梅斯特再一次让所有的被试者参加握手柄任务，同样要求他们在握手柄时，尽量坚持更长的时间。完成这个任务之后，鲍梅斯特让被试者填写一份报告，报告的内容是：坚持握手柄任务的难度和需要付出的努力程度。

对比三组被试者的报告后，鲍梅斯特发现，相比控制组的被试者，情绪抑制组和情绪反应夸大组的被试者觉得自己需要付出努力的程度更大；情绪抑制组的报告和情绪反应夸大组的报告则无明显差异。

对比三组被试者在两次握手柄任务中坚持的时间，鲍梅斯特发现，情绪抑制组和情绪反应夸大组的被试者在第二次握手柄任务中坚持的时间，均比第一次坚持的时间短；控制组的被试者前后两次坚持的时间没有明显差异。

从上述实验中，鲍梅斯特得出：情绪调控是一个自我控制的过程，需要意志力的参与，而且会损耗个体的意志力资源；除了抑制情绪会消耗意志力资源外，夸大情绪反应也会消耗意志力资源。

由此可知，情绪调控是自我控制的一种，因此，情绪调控具有自我控制的一些特点。由此，我们可以获得一些相关启示。

人们每天需要消耗意志力的时候非常多，对意志力的需求非常大，因此很容易出现意志力耗竭的情况。而意志力一旦耗竭，人们的自控力就会下降，自控行为的效果就会变差。

情绪调控是自我控制的一种，当意志力耗竭时，个体对情绪的调控能力也会下降。例如，周五时，挤地铁的上班族彼此之间更容易发生冲突。

这种现象的出现，部分是因为连续的几个工作日使人们的意志力大量消耗，继而导致情绪控制能力下降。

因此，为了不让情绪对我们的生活和工作产生负面影响，我们需要关注自己的意志力状况，当意志力处于薄弱状态时，就应该提高警惕。必要时，可以预先调整自己的状态。比如，已经忙碌了好几天，感觉非常疲惫，而接下来还需要接待一位难缠的客户。为避免自己在接待这个客户时情绪失控，可以在接待之前调整自己的心态。告诉自己，这个客户很重要，不允许自己出现任何差错。或者，在接待客户之前，先想办法放松自己，让意志力得到一定恢复，这样就可以有效地避免情绪失控。

在生活和工作中，经常需要对自己的意志力状态进行判断，并相应地进行调控。但意志力是抽象的，没有具体的形态，我们无法直接判断自己的意志力状态，因此，大多数时候，我们都是通过已完成的自控任务数量以及自身感受来判断自己的意志力处于何种状态。

很多人在计算已完成的自控任务数量时，计算的都是较为实际、表面的事物的控制，比如，计算今天接待了几个客户，但却经常忽略一些抽象事物的控制，如情绪控制、思维控制。而它们也是自我控制的主要内容之一，也会消耗意志力，因此，再次判断自己的意志力状态时，不要忘记自己的情绪控制也会消耗自己的意志力。

除此之外，个体的情绪状态会影响到个体的自身感受。一般来说，当个体兴奋时，会觉得全身充满力量；而郁闷、悲伤时，则会觉得疲惫不堪。所以，在判断自身意志力状态时，还需要考虑自己当下是处于哪一种情绪，自己的判断是否受到这种情绪的影响。

不让情感像洪水一样淹没自己

“控制你的情感，不然情感就会控制你。”这是一句许多人都熟悉的话、虽然我们都听说过这句话，但在日常生活中，还是会因为别人的喋喋不休而火冒三丈，还是会因为孩子的调皮捣蛋而大发雷霆，还是会因为上司的冷嘲热讽而郁郁寡欢？这只能说明，我们真的不是能很好控制自己的人。

人类的复杂，很大程度上是因为丰富的情感。呀呀学语的时候，父母的一个微笑，让我们乐不可支，手舞足蹈；上学的时候，受到老师表扬，我们会兴高采烈，沾沾自喜；工作的时候，上司几句肯定的话，让我们激动不已，自鸣得意；谈恋爱的时候，恋人的几句贴心话，让我们心花怒放，热血沸腾。所有的正面的刺激可以产生喜悦、兴奋、自豪等积极情感。反过来，诸如讽刺、羞辱、挑衅、打击等负面的刺激，会产生懊恼、悔恨、羞愧和郁闷等消极情感。消极情感和积极情感对一个人的现实影响很大。

哈佛大学心理学家研究发现这样一个事实：试想一下，如果你是位男士，早晨乘地铁上班，恰好身旁站了一位美女，你看她一眼，忍不住又多看了一眼……正当你庆幸这一天有了个美好开始的时候，美女手中端着的热咖啡洒了，刚好溅了你一身。在你没有低头看自己白衬衫的遭遇之前，你可能还会像个绅士一样，用“没关系”来回应美女接二连三的“对不起”。在你低头看过之后，再看身旁的美女，如果你还觉得她貌若天仙，还觉得她给你今天带来了一个好的开始，那你绝对不是个常人。正常的情况是，你会因为她的过失而心生不快，至于你会不会和她撕破脸皮理论一番，恐怕连你自己都不能断定。无论如何，她的美丽是不会让你像之前那样感到愉快的了。

本来，如果她没有将咖啡溅到你身上，她能给你留下的好印象只能保留至你走出车门之前，因为除了所谓的一见钟情，你不可能一直对她念念不忘。相反，她把咖啡洒到你身上，你就容易郁闷并生气一整天。

很多人会问：为什么快乐给人的感觉是如此短暂，而痛苦给人的感觉是如此长久呢？

生活中，的确存在一些乐极生悲的事例，但并不会太多。不过，在人们的心理层面，似乎到处都是乐极生悲的事情。难道在生活中，悲的事情一定比乐的事多吗？不一定！但问题是人们有一种最基本的心理：与快乐的记忆相比，人们更容易记住痛苦。也就是说，与积极的情感相比，消极的情感对人更具有影响力。

培养积极的情感，就像推着圆石上坡，非常吃力，而消极情感的力量是把圆石从山坡上推下，势不可挡。

人类的消极情感很多，有羡慕、嫉妒、恨，也有焦虑、恐惧、羞，还有紧张、悲伤、烦……虽然消极情感纷繁复杂，多种多样，但最基本的只有三种，也就是心理学家所说的“三大基础情感”，它们分别是焦虑、悲伤和愤怒。我们知道，虽然这个世界上有很多种颜色，但最基本的颜色只有三种红、黄、蓝。画家把这三种颜色称为“三原色”，可以用它们调出无穷种颜色。同样，不管我们有多少种消极情感，不管这些情感被冠以什么样的名字，它们都是由焦虑、悲伤和愤怒这些基础情感融合演变出来的。

情感可以被感觉到，也可以被表达出来。情感可以在短时间内达到很强烈的程度，例如突然涌起的一阵焦虑，或是让我们一时间无暇他顾的烦闷等。有些时候，我们是静悄悄地在自己内心体验着情感，别人看不出我们内心的反应。悲伤、焦虑和愤怒，作为情感的“三原色”，可以彼此融合，彼此依托，轮流打乱我们原本有序的生活，以及大脑的思考，就好比在生活中打翻了颜料罐，弄得一切都斑驳不堪。

情绪太兴奋，就会失控

情绪对行为的影响很大，它会攻击我们的自控力，瓦解我们对行为、情绪等的控制能力。生活中很多的例子都告诉我们，消极情绪非常容易导致行为失控。情绪确实会让人的行为控制力降低，出现行为失控的现象。不过，哪些情绪会对个体的自我控制产生负面影响呢？

大多数人认为，负面情绪容易对个体产生负面影响，比如愤怒、焦虑等。不过，哈佛的心理学家提出，积极情绪和负面情绪一样，也会对个体的自我控制产生负面影响。情绪和行为是心理活动的外在表现，它们一直是心理学家研究的重点。自 20 世纪 90 年代起，情绪与自我控制相关的研究逐渐兴起，而这些研究主要集中在消极情绪上。很多的相关研究表明，消极情绪对自我控制存在一定的负面影响，会使个体的自我控制能力降低。但新一轮的研究表明，积极情绪也会对个体的自我控制能力产生类似的负面影响。下面，我们就来看哈佛大学所做的一项实验，看看情绪对自我控制产生的影响。

在这项实验中，实验者选择了 51 名自愿参加实验的中学一二年级学生作为被试者。实验者将他们带进实验室后，告诉他们，实验的目的是为了调查“青少年群体的情绪状况”。

实验时，实验者先将被试者随机分成三组：积极情绪组，消极情绪组和中性情绪组。然后让三组被试者分别观看能够唤起不同情绪的短片，让三组被试者产生不同的情绪。

其中，积极情绪组的被试者观看的短片是喜剧的剪辑片段，时长为 5

分9秒。消极情绪组的被试者观看以母爱为主题的电影的剪样片段，时长为5分29秒，包括20秒的基本剧情介绍，5分9秒的母子相聚然后再分离的情节。而中性情绪组的被试者观看的是介绍健康运动的科普短片，时长为5分15秒。

在实验开始之前，实验者对这三个短片都进行了检验，证明这三个短片确实能够引发观众产生相应的情绪，喜剧的剪辑片段能够引起观众的积极情绪，以母爱为主题的短片能够引起观众的消极情绪，而介绍健康运动的科普短片则基本上无法引起个体产生特殊的情绪。

看完短片后，实验者要求三组被试者在电脑上完成一个延迟满足任务。在这个任务中，被试者被要求在电脑的一个虚拟的捕鱼情境中扮演捕鱼者，捕捉湖里的鱼。

首先，被试者会看到一张测试说明，被试者可以从这张说明中获得以下信息。

第一，在这个虚拟的捕鱼情景中，湖里鱼的数量就像真实场景中一样，会随着时间的延长得到繁殖而补充，而湖能够容下的鱼的数量也有限制。

第二，每隔一段时间，系统就会提示被试者进行捕鱼。被试者可以从“大量捕鱼”、“少量捕鱼”或者“不进行捕鱼”三个选项中自行选择是否捕鱼，以及捕鱼的数量。但被试者除了系统提示的捕鱼时机外，无法进行捕鱼。

第三，当湖里鱼的数量达到一定充足程度时，才会繁殖得多，才有更多的鱼可以捕。

第四，被试者的主要任务就是从捕鱼中获得最大利益，即尽可能地捕到数量多、质量好的鱼。

第五，已有证据表明，被试者在这项任务中体现出的能力，可以很好地预测他们的学习能力。实验者将在任务结束后，根据被试者在任务中获得的金币数给予一定的现金奖励。

在这个任务中，实验者给三组被试者设置了不同的背景音乐。因此，在虚拟捕鱼任务进行期间，三组被试者会听到不同的音乐，分别是欢快的音乐、悲伤的音乐和没有歌词的中性音乐。实验者这么做的目的是维持被试者的情绪体验。

任务进行过程中，每当系统提醒被试者进行捕鱼时，都会同时呈现湖里鱼的数量，以及被试者已经捕到的鱼的数量。整个任务中，系统一共设置了 20 次捕鱼时机，完成 20 次捕鱼之后，系统会自动停止。假如在这个过程中，被试者将湖里的鱼捕捉光了，那么任务也会自动结束.

实验者设置这个任务的目的，主要是为了测量被试者的延迟满足能力。假如被试者能够在任务早期少捕或者不捕鱼，等到湖中鱼繁殖补充到最大容量时再进行捕捉，则证明他的延迟满足能力很强，且他在任务结束之时，捕捉到的鱼会相对较多。相反，则证明被试者的延迟满足能力比较弱，而他捕捉到的鱼会相对较少。

实验者将实验所得的数据进行分析后发现，积极情绪组和消极情绪组的被试者在捕鱼任务中的最终得分都明显低于中性情绪组的被试者，而积极情绪组和消极情绪组的被试者之间则没有明显的差异。

从上述实验结果，实验者得出以下结论：不同的情绪状态对个体的自我控制行为的影响不同；个体的积极情绪和消极情绪都会降低个体的延迟满足能力且两者没有明显差异。

从上述实验可以得知，不仅仅是消极情绪对个体的自控力有负面影响，积极情绪对个体的自控力也存在负面影响，且这种影响力不亚于负面情绪的影响力。

大多数时候，人们对负面事件的关注更多。比如，飞机坠落事件会引起人们密切关注，但是飞机安全航行却很少有人关心。

对于情绪的关注也一样，人们对负面情绪的关注多于对积极情绪的关注，而且负面情绪带给人们的是不好的情绪体验。在这两个因素以及其他诸多因素的共同影响下，大多数人认为负面情绪容易对自己产生负面影响。

但从上述实验可以知道，积极情绪同样会使个体的自控力下降，继而言行失控。

积极情绪也会让个体产生冲动，对自己的行为失去控制。因此，情绪调控的内容不仅仅是消极情绪，还包括对积极情绪的调节与控制。

因为大部分人对于负面情绪比较敏感，所以，相对来说当负面情绪出现时，更容易被注意到，继而引起警惕，让人们及时、主动地去寻找调节的方法，进行情绪调控。

但是对于正面情绪所产生的负面影响，大家的警惕心就相对低得多。大部分人都是在情绪产生的后果出来之后才会意识到，自己应该冷静点。因此，在情绪调控过程中，我们还应该提高对积极情绪的警惕。

尤其是当出现的积极情绪的程度比较高时，更应该提醒自己，不要兴奋过度。及时调控自己的情绪，适当地恢复平静状态，从而避免它对自己的言行产生负面影响。

情绪控制不等于情绪压抑

生活中，很多人在其他人面前都会压抑自己的情绪表现，努力做到喜怒不形于色。这种行为表现有很多原因。

在多数人眼中，如果某个人在面对任何事情时情绪上都表现得很平静，那么说明这个人比较稳重、成熟。而大部分人认为，相对于容易情绪化的人，稳重、成熟的人更值得信任。因此，为了让自己显得更成熟、稳重，更值得别人信任，很多人都努力压抑自己的情绪表现。

除了这个原因之外，还有很多其他原因导致个体压抑情绪的外在表现。比如，在人际交往中，很多人为了不让别人知道自己的真实态度，一般会压抑自己的情绪表现。而且，很多情绪表现很容易对周围的人产生伤害，对正在进行的事情产生负面影响。

在诸多原因之下，人们努力地压抑自己的情绪表现，就算内心波涛汹涌，外表看起来也要平静无波。但是，压抑自己情绪的意志力真的能帮助我们把事情办好吗？对此，哈佛大学提出新的看法，认为情绪压抑会给个体本身带来不良影响。下面，我们就跟随哈佛大学心理学家的研究，来验证一下这个观点是否可信。

实验以一些彼此陌生的女士作为被试者，在实验开始之前，先将所有的被试者分成两人一小组，然后又将所有的小组分为三个大组。

实验时，实验者先让每个小组的两个组员彼此做一个大致介绍，然后让两人相对而坐。在两个被试者中间，放着一块隔板，她们与隔板之间的距离均为 2 米。实验者告诉被试者，实验研究的目的是了解她们对话的过程，在整个实验过程中会测量她们的血压，录下她们的对话视频。当然，实验者打的这个幌子，主要是为了不让真正的实验目的会对被试者的反应产生影响。

实验中，相对而坐的两个被试者因为被隔板阻挡，无法看到和她沟通的人，但是可以通过监视器看到对方。被试者坐下来后，实验者先给两个被试者看一段时间长为 3 分钟的自然风光影片，并记录被试者此时的血压，作为被试者平时一般情况下的正常血压。

然后，实验者再给被试者看一段 16 分钟的战争纪录片。这段纪录片的内容是第二次世界大战中，日本被两颗原子弹轰炸后的情景。实验者给被试者观看这段纪录片是为了让她们产生负面情绪体验，然后测量出被试者在负面情绪体验下的血压。在这之前，实验者已经通过多次实验，证实了这段纪录片确实能够让观看者产生厌恶、愤怒和悲伤等负面情绪体验，以及强烈的政治观点和宗教观点。

看完纪录片后，被试者会听到一个指令，被试者根据指令，开始与自己的组员进行对话。其中，三大组被试者听到的指令不一样。第一组被试者听到的指令要求她们在与对方的对话过程中，不要表现出任何跟自己情绪有关的迹象，不要让对方觉察到自己的感受。第一组被称为情绪压抑组。

第二组被试者听到的指令要求她们在与对方对话的过程中，想象一下“自己所要的是一个冷静的、没有激情的情景”。这一组被称为重新思考评价组。

第三组被试者听到的指令只是一段音乐片段，对她们的对话过程没有任何要求。这一组被称为控制组。

指令下达之后，实验者移开两个被试者之间的隔板，让她们面对面地讨论对人类本性的看法和感受，以及她们的政治和宗教信仰。在整个谈话过程中，被试者自由对话，并且可以随时结束对话。

被试者的谈话结束后，实验者再次放上隔板，被试者在自己的空间内填写一份跟情绪体验相关的问卷。然后，实验者再将被试者的对话视频放给专业人士看，请他们对被试者的行为反应进行解答。

最后，实验者对实验所得的数据进行分析。实验者发现，情绪压抑组的被试者在对话过程中表现得心不在焉，相对于进行压抑之前，对话过程中被试者的行为反应减少，血压升高。实验者认为，这说明被试者在生理上产生了压力感。

从上述实验的结果中，实验者得出：对负面情绪的压抑会对个体产生一定的负面影响，让个体在生理上产生压力感，行为反应降低，无法集中精力与别人进行沟通。

对于这个实验，有人提出了一些疑问，认为情绪压抑组和重新思考评价组的处理是一样的。

实验者对此进行了解答，他们认为情绪压抑组的实验处理是让被试者对自己产生的负面情绪进行压抑，但产生的负面情绪还在；而重新思考评价组则是通过思考现实处境和结果，试图消除负面情绪，使自己冷静，是一种对情绪的控制和管理。这两者是不一样的。

从上述实验中的情绪压抑组的行为反应可以看出，被试者在情绪压抑时，在生理和心理上受到了双重压力。这种压力对被试者正在进行的沟通产生了不良影响。

可见，对负面情绪进行压抑不一定会帮助我们把事情办好，只不过，在很多场合中，相对于无所顾忌地表现负面情绪所带来的后果，对负面情绪进行压抑所带来的负面影响相对要小很多。

因此，我们不能一味地压抑出现的负面情绪，应该先衡量一下情绪所带来的影响力，选择合适的处理方法。假如，当下情境需要我们对自己的情绪进行适当压抑，那么一定要在合适的时候，以适当的方式将现在的负面情绪发泄出来，以免它对其他的事情产生负面影响。

情绪的发泄方式有很多种，除了正常的通过外在表现来发泄之外，还可以通过想象来发泄。比如，当负面情绪因为某个人而起时，我们可以在脑海里想象将这个人大卸八块。这是一种替代性发泄方式，当我们处于某种不适合表现情绪的场合时，可以通过这种方法有效地发泄自己的情绪。但要注意的是，发泄情绪的同时，还要提醒自己，只是利用想象在发泄情绪、调整自己，而不是在对将要发生的事情进行想象。

除此之外，还有很多方法适合在事后发泄情绪，比如运动、向别人倾诉等。不过，不管哪一种发泄方法，最主要的是要避免负面情绪带来的不良影响，及时调整自己的状态。

心理学家指出，情绪控制不是情绪压抑，情绪控制是通过一定的办法将负面情绪消除；而情绪压抑则是将情绪压制，但被压制的情绪一直在那，未被消除。因此，我们在进行情绪调控时，首先要将两者区分开，否则，极有可能将情绪压抑当成情绪调控来“控制”自己的情绪，导致情绪压抑对自己产生不良影响。

情绪控制的方法很多，最典型的就是逆向思维法，即通过思考结果反过来控制情绪。具体做法是，当情绪出现时，想一下任凭自己的情绪发展和表现将会带来的后果，然后再想想自己想要达到的结果，将自己的注意力转移到自己想要达到的目标上，继而让负面情绪消失，最终让自己恢复冷静。

比如，我们正在和一个难缠的客户进行谈判，因为客户态度比较恶劣，我们觉得很生气，特别想劈头盖脸骂对方一顿。但是想一下，当骂完对方之后，这个谈判极有可能就此失败，会让公司以及自己失去一笔收益，并有可能让公司的形象受损。而我们想要的是谈判成功，为公司留住一位客户，维护自己的良好形象。为达到这个目的，我们所需要的是一个冷静、友好的沟通氛围。这样，我们的负面情绪就会相应地消失。

除此之外，注意力转移法、深呼吸放松法都是情绪调节的方法。不管我们在情绪控制中利用的是哪一种方法，最终的目的都是使自己的负面情绪消失，让自己变得冷静，或者使消极情绪被另一种积极的情绪所取代。

情绪控制依靠的不只是意志力

在生活中，有时候意志力会显得无力，有些人好像没有脾气，很好相处；有些人很容易和别人发生冲突，经常出现生气、愤怒等情绪；有些人则比别人更消极，经常因为一些小事而灰心丧气、烦闷不已。自尊心强的人很容易因为小事生气，或者与别人发生冲突。与这一类型的人相处时，我们会发现，他们很敏感，受不了一点委屈。他们很可能因为一个玩笑而觉得别人瞧不起自己，然后非常生气；或者因为别人一句不经意的话，就觉得气闷不已。

个体本身的一些特质会影响个体的情绪表现。对于这些因为个体特质而出现的情绪，光是依靠意志力进行调控，似乎只是治标不治本。甚至我们会发现，有时候意志力对于这些情绪没有多大的控制作用。比如对于因失恋而产生的难受、悲伤的情绪，就不是单靠意志力便可以控制的。

那么，意志力对于我们的情绪管理究竟有多大用处？我们又应该通过什么样的方法来管理这些情绪？

哈佛大学教授欧文·迪曾做过一项实验，实验以大学生为被试者。首先，欧文·迪把被试者带进实验室，测量其自控力的基础水平。然后，欧文·迪让被试者完成一项自我控制任务。接着，欧文·迪再对被试者的自控力进行测量。通过前后两次测量结果，了解被试者在任务中所消耗的自制力。

随后，欧文·迪将被试者随机分成四组，分别布置不同的意志力锻炼任务，并让他们回家后按要求进行锻炼。

第一组被试者被要求在接下来两周内，注意自己的身姿。每当他们想到自己的身姿，就努力地坐直或者站直。因为这些被试者基本上都习惯懒洋洋地坐着或站着，所以让他们注意自己的身姿，违背了他们原有的习惯、意愿，会消耗他们的意志力。由此，欧文·迪猜想，在不断的练习过程中，被试者的意志力会逐渐增强。第一组被称为身姿调整组。

第二组被试者，欧文·迪让他们在接下来的两周内，将自己所吃的任何东西都记录下来，但是他们不需要改变自己的饮食习惯。不过在记录的过程中，被试者可能会自行进行调整。这一组被称为饮食监控组。

第三组被试者，欧文·迪要求他们在接下来的两周内调整自己的心情，让心情保持在良好状态。假如在这个过程中发现自己难受了，情绪变得消极了，他们需要及时努力地调整自己，让自己的心情好起来。

第四组作为控制组，欧文·迪没有让他们在接下来的两周内进行任何自我控制的有关训练。

两周后，欧文·迪将被试者召回实验室，对被试者的自控力进行测量，并将测量所得结果与两周前的测量结果进行对比。对比之后欧文·迪发现，第一组和第二组被试者自控力测验的得分都比两周前高，且显著高于第四组的得分。其中，相对于第二组被试者，第一组被试者两周前后的得分差值更大。但是，第三组被试者的自控力测验得分与两周前没有明显变化。

欧文·迪对实验结果进行分析，认为第三组被试者的自控力没有得到改善，是因为情绪调控需要的不仅仅是意志力，让自己的情绪变好，不是单靠意志力就能够做到的，更多时候还需要认知等方面的技巧。

欧文·迪从实验结果中，获得以下结论：

1．并不是所有自我控制的过程，都会让意志力得到锻炼。

2．相对于自我监控，练习控制自己的身姿能够让意志力得到更好的锻炼。

3．练习情绪调控，不一定会有增强意志力的效果，因为情绪调控还需要很多其他方面的技巧。其实，欧文·迪设计上述实验的目的是想探索“什么样的练习方法可以增强个体的意志力”。但是，这个实验似乎还能告诉大家：情绪调控需要的不仅是意志力，还需要很多其他的情绪调控技巧。

首先，我们需要对自己的情绪有一个正确的认识。很多人都认为，情绪来自他人或事物。因此，当情绪出现时，很容易把情绪的原因归结在别人身上，导致和别人产生冲突，但却忽略了对自身情绪的管理控制。其实，决定情绪的是个体自己的内心，因此，想要控制自己的情绪，自身的调控很重要。

其次，个体的信念、价值观、所坚持的原则等，都会影响某件事给人带来的情绪。这也是同一件事会给不同的人带来不同情绪体验的原因。

由此可知，调整我们自己的认知信念、价值观等，都能够帮助我们调整自己的情绪。

一个人如果将钱财看得非常重要，那么他有可能会因为自己的钱财受损而生气，哪怕受损的钱财非常少。这种类型的人在这种状况下，可以通过调整自己的价值观来调整情绪。只要将钱财看得轻一点，生气的情绪就会有效地降低，甚至消失。

前文中曾提到过，错误的认知信念很容易让个体产生负面情绪。因此，调整自己的认知信念，也是情绪调控的一个重要方法。假设在评先进的活动中落选，你很气愤、沮丧，因为你觉得“评先进是平时辛勤工作的必要回报”、“没评上先进是对自己工作的否定”。在这个情境下，你只要将自己的信念进行调整，认识到“评先进是对团队中表现最为优秀的人的一种精神奖励”，你的这些负面情绪就会降低或者消失，甚至让你变得更自信。

内心的敏感和意志力相关

意志力耗竭状态下，个体自控力下降的部分原因同时也进一步证明，自我控制过度会导致个体的自控表现变差。那么自我控制过度除了会导致个体的自控表现变差之外，是否还存在其他负面影响呢?

有一些人在经过一天的忙碌工作之后，情绪就会变得烦躁易怒。这些人经常会在工作繁忙阶段向周围的人发脾气，比如上下班途中和他们产生小摩擦的陌生人、他们的家人等。

对此，有的心理学家认为，这是由于个体自控力下降所导致的。但是，哈佛大学的心理学家提出了不同的看法，认为这是自我控制过度所带来的负面影响。他们认为，自我控制过度会使人们的情绪变得更敏感，欲望变得更强烈。心理学家通过实验发现，自我控制会让个体产生一部分负面情绪。这在前文中曾描述过。因此，心理学家认为，个体可以通过对这些负面情绪的感知，来判断自己的意志力状态。当这些负面情绪很多时，说明意志力可能已经处于耗竭状态。

不过，哈佛大学心理学家由此提出了新的观点：“因为自我控制产生的负面情绪体验与正常状态下产生的负面情绪体验基本没有差别，个体无法分辨。所以个体难以通过这种方法发现自己的意志力耗竭状态。”于是，很多心理学家展开了更多关于意志力耗竭状态特点的研究，并试图从中获得发现意志力耗竭状态的方法。

为证实这一观点是正确的，哈佛大学的心理学家进行了很多实验研究。下面，我们就来看一个他们做的实验。

凯瑟琳·沃斯是哈佛大学社会心理学教授。她曾经进行了这样一项实验。

实验中，凯瑟琳·沃斯先将被试者随机分成实验组和控制组。然后，凯瑟琳·沃斯让实验组完成一些自我控制任务，让他们的意志力资源被消耗掉。使他们在进入下一个实验任务时，意志力处于耗竭状态。

接着，凯瑟琳·沃斯将每组被试者都分成五个小组，分别进行不同的实验处理。

凯瑟琳·沃斯让第一组被试者观看一些悲剧短片；让第二组被试者观看能够让人产生愉快情绪和能够让人感觉恐怖的图片；第三组被试者按照要求将自己的手放进事先准备好的冰水中，并评估水的温度；第四组被试者被带进一间放着曲奇饼干的屋子，并被告知，他们想吃多少就吃多少；第五组被试者从凯瑟琳·沃斯那里收到了一些包装成礼物的包裹。

实验过程中，凯瑟琳·沃斯对被试者的行为反应进行了观察和记录。实验结束后，凯瑟琳·沃斯对各组被试者的情绪和感受进行了测量。

凯瑟琳·沃斯对实验所得数据进行统计。结果显示，相对于控制组被试者，实验组被试者在看到悲剧短片的时候更加悲伤；看到令人愉快的图片时更加高兴；看到令人恐怖的图片时更加害怕。在同样的冰水里，实验组被试者通过自己的感受测量到的温度比控制组低。在放有曲奇饼干的屋子里，实验组被试者吃掉的曲奇饼干的数量也比控制组被试者吃掉的饼干数量多。在面对礼物包裹的时候，实验组被试者打开包裹的欲望更加强烈。

综合来看，实验组被试者比控制组被试者的反应更加敏感，欲望的表现也更加强烈。

凯瑟琳·沃斯从实验结果中得出：意志力的消耗与耗竭反应更加敏感、强烈；意志力的消耗与耗竭让个体对情绪刺激以及环境刺激的反应更加强烈。

实验可以让我们得到一些发现意志力状态的方法。我们可以通过自己对周围环境刺激、情绪刺激的敏感程度，以及对某些事物的渴望程度来判断自己的意志力状态。意志力耗竭时，个体的情绪变得更敏感，欲望也更强烈。而当一个人的情绪变得敏感时，因为受到刺激而出现的反应就会更强烈，从而极容易因为一些小事而大发雷霆，或者因为一点小事就陷入情绪困扰中。

这种敏感、强烈的情绪反应对个体人际交往和工作都存在极大的消极影响。比如，破坏个体的人际关系，让个体无法安心工作，影响个体的决策等。

可见，自我控制过度造成的意志力耗竭状态会给生活和工作带来很大的麻烦。因此，我们需要警惕自己陷入这种状态。

要想知道自己是否陷入意志力耗竭状态，我们还是需要从这种状态的外在表现入手，比如情绪变得敏感、感知觉变得敏感、欲望更加强烈等。比如，经过一天的工作之后，走进小吃街，会感到非常饥饿、周围的食物特别诱人。这种状态显示，我们有可能已经进入了意志力耗竭状态。

当我们根据这些外在表现发现自己进入到意志力耗竭状态后，需要做的是：避免刺激源，并及时调整自己的意志力状态。

不过，因为人们都是根据自身感受来判断自己的意志力处于何种状态的，所以这种判断存在很大的主观性。而一个人的感受又会受到多种因素的影响，比如人们自己的潜意识愿望、生理状态等，很容易导致判断失误。

所以很多人对自己意志力状态的判断都不够准确。

当一个人内心不想坚持某件事时，就很容易在潜意识的影响下，在自我控制过程中为自己找一些理由来放松自我控制，而“累了”就是很好的一个理由。因此，在判断自己的意志力状态时，我们还需要考虑是否受到了其他因素的影响。否则，意志力耗竭就有可能成为偷懒的理由。

第五辑

做事高度专注，注意力体现超强意志力

人的注意力是有限的，只有将有限的注意力集中在一起，集中在合适的对象上，才能使自己的人生变得辉煌。意志力能调动人们内心的积极情感，这就需要正确地保持注意力。所以，一个人拥有超强的注意力，也是拥有超强意志力的体现。

注意力，让我们锁定成功目标

注意力是有目的地将心理活动长时间集中于某一事物或某些事物上的能力，它是智商重要的构成部分。杰出人士往往具有更好的注意力，对人生和事业更专注、更执着。哈佛大学研究发现，良好的注意力首先表现在注意力的范围上，即注意力在同一时间内所能清楚地抓住的对象的数量，也就是在同一时间里能同时注意到多少问题的出现。比如说看电影时，我们的注意力常常被很多事物和人吸引，并且不间断地从一个事物转向另一个事物。

伟大的科学家牛顿有一次请几位朋友在家里吃晚餐，由于他正思考某一科学问题而未能一同进餐。等他完成了工作，步入餐厅的时候，见到的却是一幅杯盘狼藉的景象，他“恍然大悟”地自语道：“啊！原来我已经吃过晚餐了。”可见，牛顿对自己工作的注意力集中到何等程度！

我们生活在一个丰富多彩、纷繁复杂的世界上，各种对感官刺激的物质纷至沓来，让我们目不暇接。它们分散了我们的注意力，妨碍了大脑皮层优势兴奋中心的形成和稳定，从而影响了我们对某一特定事物清楚、深入地认识，从而也妨碍了我们成为一个杰出人士。

不能提高注意力，有时我们连一件普通的事都可能办糟。下面讲的例子，可能经常发生在我们身上。早上出门准备去上班，正往地铁站或公车站牌方向走。刚出门时，心里还惦记今天在进办公室前，有一件事要先处理。可是出家门后，还没走多远就已经不知道在想什么，而完全忘了这一回事，所以到了办公室后，事情仍然没处理。当然，我们迟早会去处理那件事，但那不是重点。重点是，如果我们能够把心思专注在这件事上，可能会省下许多时间，甚至金钱。所以，我们所要练习的是，当自己的心思云游四方时，要能把它及时捉回来。

在哈佛大学，有专门的器具来测定注意力范围的大小，测定的结果表明，成人一般能同时注意到 4 ～ 6 个彼此独立的事物。如果事物不是彼此孤立，而是具有一定的关联性时，注意力的范围就会扩大。因此，扩大注意力范围的最好方法，一是培养人们以整体观念来把握孤立事物的能力，二是很好地分配自己的注意力。

学生上课时，一边听讲，一边记笔记，这就是一种注意力分配方式。注意力的分配和集中既矛盾又统一。要注意力集中，就不可一心二用，但要注意力分配，就必须一心二用（甚至三用、四用），两者在一定的条件下又是可以统一的。保持统一的条件，就是必须掌握一定的技巧。

注意力的习惯是多方面的，首先，在事情开始时要能立即集中注意力到活动对象上；在活动发展过程中，需要能保持高度的注意力，尽可能减少分散力；遇到困难时，则能动员自己的意志力，迫使自己思想集中；事情结束时仍能使注意力保持紧张状态，有始有终，不虎头蛇尾。一旦养成良好的注意力习惯，无论从事任何活动都会事半功倍。

另一方面，也要有意识地经常进行调控注意力的训练。

最简单的训练方法就是数数练习。试试看专心地数数，不要让其他任何念头干扰自己。这比对一个特定物体专心更加困难，很难解释为什么，不过，这的确是个很好的练习。在第一次试时，能数到五就已经很不错了。当然，这个过程中一定要对自己诚实。一旦有第二个念头闯入时，就要停止。譬如，可能因为身边的声音分了心，这时就要重新开始数。

练习一段时间后，也许可以数到十。如果有一天可以数到一百，而不再被外在的事物干扰，或被其他的心思打断，那我们就几乎到达天才的境界了！

也许有人会奇怪，认为这些事情是小题大作。或者想知道，若我们真的可以专心一意、心无旁骛，对我们的日常生活，又有什么帮助呢？此处，需要强调的是：不管是笔记，或者是数数，都不是重点，重点是我们能对自己的问题或目标专心一意。

下面我们来做一些练习，对解决注意力集中的问题会很有帮助。专心可以让我们直接看清问题的核心，从而知道应该采取什么态度来解决问题。

现在拿出一张纸，写下任何一个困扰自己的问题。如果不出所料，这问题在自己心里其实很模糊。如果把它写下来，我们会发现有许多附带的小问题，它们其实可以先摆在一旁，因为它们并不是问题的关键，它们也许只是一种预期，预期“可能会”或“即将会”发生的事。不要让它们来干扰自己。

我们要一步步深入，直到找到问题的核心，也就是问题最赤裸裸、最灰暗的一面。现在，专心一意面对问题的核心，不要再心烦意乱。一旦看到问题的庐山真面目，就知道该采取什么方法了。其实许多问题经过理清与整理后，就已经解决了一部分。

做好这一切后，下次遇到问题时我们的注意力就会一下子集中在问题的核心部分。注意力的范围虽缩小，但能力增强，有利于解决问题。

相信很多人都曾在晴朗的晚上数过星星。这是多惬意、多浪漫的事情啊！不过，当被问到“你究竟看到了多少颗星星”时，可能没有多少人能够答得出来了，甚至许多人还会反唇相讥：“在现在这个时代，就算是恋人们也不会有这种闲情逸致了。”言外之意大有此问题老土、落伍之嫌。

事实上，这是锻炼注意力的很好方法。深邃的夜空，点缀着无数纵横交错的、钻石似的星星，但数的时候，只要中途略为分心，就不知自己数到何处了，甚至，只消一眨眼，就已经乱套了。所以，必须要有高度的注意力方可为之。记住，最重要的，并非数字本身，而是数的过程，不能有一个“漏网之星”，因为每数一次，就等于锻炼一次注意力。

也许有人会懊恼地说：“数星星倒是没问题，只是星星太多、太小了。”

殊不知，正因为星星多和小，才更具效果。越小越多的东西，越需要仔细观察，需要把视线集中于一点，越能培养出注意力。

跟数星星有异曲同工之妙的是下围棋。

日本《朝日新闻》曾介绍过大仓饭店86岁的名誉董事长野田岩次郎先生的事迹。

根据这篇文章所述，野田先生是在70岁时才开始学习围棋的。按一般常理来说，这是属于相当晚的自我启迪智慧起步阶段。所以，野田先生的下棋方法也非常特殊，15年来，他每星期一定跟职业棋手学习一次，一次4个小时，其坚韧不拔的结果，使他目前拥有业余三段棋手的资格。

成功的关键在于15年来坚持不断的每星期一次、一次4个小时的学习。里面包含了两个重要的因素。一为注意力。一星期一次的学习，就频率而言，并不算多，但因为每次要集中对弈4个小时，精神相对高度集中，学习的效果自然提升。二为总的时间数。野田先生从70岁到如今，用于下棋的时间，已超过3000个小时，即：15（年）×52(周)×4(小时)=3120(小时)。无论年纪大小，只要有足够的注意力，就有可能成为杰出人士。

康德是德国伟大的哲学家，每当他坐在书房里沉浸在冥想之中时，必定要将目光穿过窗户向屋檐上方看去，然后注视着风车尖端的一点，一边专心地注视，一边思考问题。用这种方法，康德写出了许多伟大的哲学著作。

魏格纳说："一个人不能骑两匹马，骑上这匹，就要丢掉那匹。聪明人会把一切分散精力的要求置之度外，只专心致志地去学一门，并把它学好。"善于控制自己的注意力，这样它就能根据我们的需要，发挥其指向性、集中性和稳定性的功效，继而提高我们的智商指数。

道理其实很简单：当注视某一点时视野就变得狭小了，这样，从视野外闯进来分散思想的东西就会减少，从而使意识的范围也变得狭窄，随之人的心境便会宁静，精神就会集中，集中就会产生力量，正像受力面积变小，压强变大的物理性能一样。

专注、认真才能做好每一件事

人们在生活中都有这样的体会：有的人爱好广泛，什么事都想去尝试，结果却是什么事都没做好，其实“多才多艺不如专精一门”，不如把心思放在一件事上专心地把它做好。

“一次只做一件事”，就意味着集中目标，不轻易被其他诱惑所动摇，经常改换目标，见异思迁或是四面出击，往往不会有好结果。

有一个人从小成绩就一直不好。他的读写速度很慢，英文课需要阅读经典名著时，只能从漫画版本下手。他常常说：“我的脑袋里有想法，但是却没有办法将它写出来。”后来医生诊断他患有识字障碍。他之后凭借优异的数理成绩，进入美国名校斯坦福大学就读。他发现商业课程对他而言比较容易，于是选择经济为主修专业，在英文及法文仍然不及格的同时，全力投注于商学领域，获得MBA学位。毕业时，他向叔叔借了10万美元，开始自己的事业。1974年，他于旧金山创立公司，如今已名列世界500强企业，拥有2.6万多名员工。

他就是施瓦布，嘉信理财的董事长兼CEO。现在，施瓦布的读写能力仍然不佳，他阅读时必须念出声来，有时候一本书要看六七次才能理解，写字时也必须以口述的方式，借助电脑软件完成。

一个先天学习能力不足的人，何以能成就一番事业？施瓦布的答案是：

学习上的障碍，让他比别人更懂得专注和用功。

“我不会同时想着18个不同的点子，我只投注于某些领域，并且用心钻研。”他说。

这种做事认真的专注态度，也展现于嘉信27年的历史中。当其他金融服务公司将顾客锁定于富裕的投资者时，嘉信推出平价服务，专心耕耘一般投资大众的市场，终于开花结果。之后随着科技的进步及顾客的增长，嘉信于每个时期都有专注的目标，许多阶段的努力成果，都成为业界模仿的对象，在金融业立下一个个里程碑。

“一次只做一件事”意味着一个人在某一段时间里只把精力集中于一件事情，把一件事做到底。综观失败的案例，大约有50%的情况是由于半途而废，未能坚持下去所致。

一个人的精力是有限的，把精力同时分散在好几件事情上，不是明智的选择，而是不切实际的考虑。在这里，我们提出“一件事原则”，即专心地做好一件事，就能有所收益，就能突破人生困境。这样做的好处是不至于因为一下想做太多的事，反而一件事都做不好，结果两手空空。

想成大事的人不能把精力同时集中于几件事上，只能关注其中之一。也就是说，人们不能因为从事分外的工作而分散了自己的精力。

如果大多数人集中精力专注于一项工作，他们都能把这项工作做得很好。

在对一百多位在其行业内获得杰出成就的男女人士的商业哲学观点进行分析之后，有人发现了这样一个事实：他们每个人都具有专心致志和明确果断的优点。

哈佛大学研究发现，最成功的商人都是能够迅速而果断做出决定的人，他们总是首先确定一个明确的目标，并集中精力，专心致志地朝这个目标努力。

伍尔沃斯的目标是要在全国各地设立一连串的“廉价连锁商店”，于是他把全部精力花在这件工作上，最后终于完成了此项目标，而这项目标也使他成为了成大事者。

林肯专心致力于解放黑奴，并因此使自己成为美国最伟大的总统。

李斯特在听过一次演说后，内心充满了成为一名伟大律师的欲望，他把一切心力专注于这项目标，结果成为美国最有成就的律师之一。

伊斯特曼致力于生产柯达相机，这使他赚取了数不清的金钱，也给全球数百万人带来无比的乐趣。

海伦·凯勒专注于学习说话，因此，尽管她又聋又哑而且还瞎，但她还是实现了她的目标。

可以看出，所有成大事的人物，都把某种明确而特殊的目标当成他们努力的主要推动力。

专心就是把意识集中在某一个特定欲望上的行为，并要一直集中到已经找出实现这项欲望的方法。

哈佛大学教授琼斯认为，对于任何东西，我们都可以渴望得到，而且只要我们的需求合乎理性，并且十分强烈，那么“专心”这种力量将会帮助我们得到它。

所以，假设我们准备成为一个著名的作家，或是一位杰出的演说家，或是一位优秀的商界主管，或是一位能力高超的金融家，那么我们最好在每天就寝前及起床后，花上十分钟，把自己的思想集中在这项愿望上，以决定应该如何进行，才有可能把它变成事实。

当我们要专心致志地集中思想时，就应该把自己的眼光望向一年、三年、五年甚至十年后，幻想自己是这个时代最有力量的演说家；假设自己拥有相当不错的收入；假想利用演说的金钱报酬购买了自己的房子；幻想自己在银行里有一笔数目可观的存款，准备将来退休养老之用；想象自己是位极有影响的人物；假想自己正从事一项永远不用害怕失去地位的工作……唯有专注于这些想象，才有可能付出努力，美梦成真。

一次只专心地做一件事，全身心地投入并积极地希望它成功，这样我们的心里就不会感到筋疲力尽。不要让自己的思维转到别的事情、别的需要或别的想法上去。专心于自己已经决定去做的那个重要项目，放弃其他所有的事。

了解自己在每次任务中所需担负的责任，了解自己的极限。如果把自己弄得筋疲力尽并失去控制，那就是在浪费效率、健康和快乐。选择最重要的事先做，把其他的事放在一边。做得少一点，做得好一点，才能在工作中得到更多的快乐。

成功者之所以能成功，最重要的诀窍之一就是一次只做一件事，把一件事做到底。“一次只做一件事”，就意味有不轻易被其他诱惑所动摇的意志力。缺乏意志力，经常改换目标、见异思迁或是四面出击，绝对不会有好结果。

注意力有多集中，事就能做多大

为什么消极的情感会扰乱我们的生活？概括来说，是因为它能吸引一个人太多的注意力。当然，积极的情感也能引导注意力。问题是，情感并非只有积极和消极两种，还有一些情感是中性的，比如“好奇心”。我们常听说，不少重大的科学发现都是因为发现者的好奇心。

注意多半是源自情感，但未必只是某一种情感。

一位男子带着自己5岁的儿子逛公园，迎面走来位女子，同时引起父子二人的注意，都看了这位女子一眼。这时，很难说他们是基于某种共同情感、可能因为这名女子是孩子的母亲，但父子基于的情感并不一样；也可能她只是个陌生人，男子看她是因为她长得好看，而小孩看她是因为她戴的耳环像自己的手镯。因此，我们就不能说是哪种情感引发了他们的共同注意。

据说，美国南北战争时期的将军（后来当上了总统）尤里西斯·格兰特具有超乎寻常的注意力，即使在炮火轰鸣、烟尘弥漫、周围一片混乱的战场上，格兰特仍然能够把全部注意力集中在战场报告上，仔细分析形势，做出关键的决断。历史学家马克·佩瑞认为：“注意力是格兰特将军最出众的特质。他并不算高大或者聪明伶俐，甚至也算不上睿智，但他做任何事情都能聚精会神。”

在格兰特人生道路的尽头，他强大的注意力又一次发挥了作用。在晚期喉癌的威胁下，他努力撰写自己的回忆录，因为回忆录的出版可以给他的妻子和儿女带来长久的收益，扭转他家庭糟糕的财务状况。尽管有病痛的折磨和不便，他还是把全部注意力集中在回忆录的撰写和修改上，最终于 1885 年 7 月 19 日完稿，四天后便去世了。一年后，他的遗孀收到了 20 万美元的版税支票。

这里选取的是格兰特一生的两个片段，但很能说明他是一个注意力超强的人。至于是什么样的情感支撑了他的超强注意力，倒是没那么简单。作为一名将军和作为一名丈夫、父亲是不同的，很难用某一种情感来概括。当然，我们也可以笼统地说，他是一个心中有爱的人，所以才能有如此惊人的意志力。但是，对国家的爱，对战友的爱，对家人的爱，毕竟是不同的。

其实，我们生活中有关注意力的例子有很多。我们知道上课要注意听讲，对于一个爱学习的学生而言，尤其能体会集中注意力听讲是怎么一回事。举例来说，有几位同学同时喜欢数学课，在课堂上注意力集中，其中一位是因为对数学的热爱，另一位是特别喜欢上课的数学老师，还有一位是因为想考试得个高分得到父母的表扬，此时注意力牵涉到的情感就变得相当复杂。

很多时候，我们只用情感来界定注意力并不准确。例如，对于绝大多数的科学家而言，集中注意力是责任和兴趣的统一。在这方面，爱因斯坦就是个榜样。据说，他有一次收到一张1000美元的支票，他用来当作书签，最后被图书管理员在书中发现了它。还有一次，有人问他是否吃过了午饭，他的回答居然是："我不清楚自己正在往哪个方向走，如果是回家，那就还没吃过；如果不是，那就吃过了。"

倘若我们不知道爱因斯坦是一位著名科学家，很可能以为他是一个容易走神的人。我们能够理解他的走神，他自己也不在意这样的走神，那是因为他已经把所有注意力集中到了科学研究中。

生活中，我们绝大多数人注意力不集中，其实是不能把注意力集中到该注意的事上，或者是集中到了某一个环节但却忽视了另一个环节。当然，这和爱因斯坦的走神不是一回事。不得不强调的是，科学家能够集中注意力，往往不只是出于某种具体情感，还可能是出于理性，出于某种意志，甚至是理想，而普通人可能不是这样。

反过来说，过于集中注意力，并不都是好事。或许你看过卓别林的电影《摩登时代》，剧中的查理站在工厂的装配线旁，用一把扳手给经过面前的零件上紧螺丝，一天要干8个小时。狠心的老板还嫌强度不够大，又调高了传送带的速度，可怜的查理也得跟着加快速度。结果，8个小时下来，尽管手上的扳手放下了，但在回家的路上还是做着拧螺丝的动作，路人见了都很惊讶。如此集中注意力，很难不影响到自己的生活，可能会因此忽视伴侣和孩子，也可能在处理其他事情时走神。所以说，适当的注意说明一个人具有好的意志力，但不适当的注意说明一个人缺乏意志力。

不注意，就会错过该注意的

不得不说的是，在更多时候，我们对自己的注意力并没有什么反思，也不太清楚自己把注意力投向了哪里，直到某一天突然发现，自己很难在一件事上集中注意力。这就好比自我失控，有的时候体现为太投入而失控，有的时候是真的找不到自我而失控。

南希 30 多岁，是一名注册会计师，并且是当地一家理财公司冉冉升起的新星。然而她最近遇到了麻烦。

“我好像什么都做不成，我没法把注意力集中起来。我总是三心二意，心思聚拢不起来。”南希对心理咨询师说。

“但是，你拥有一份很好的工作，并且前不久还获得了提拔，你还是做成了一些事情的，对吧？”心理咨询师在简单了解南希的情况后问道。

“嗯，公司里的人对我很满意。”南希承认，“我承担的责任越多，我就越难维持进度，我害怕自己迟早会撑不住了。”

因为外部环境的变化会分散我们保持注意力的能力，所以心理咨询师开始问她工作内容和工作场所的情况。她告诉心理咨询师，除了待在电脑前和给客户打电话的时间之外，她的办公室门总是开着，经常有人来请教她各种问题，她也经常被通知参加各种会议。很明显，她处在忙碌的环境中，这样的环境的确有可能让她分心，此外，工作对她注意力的要求也在不断提高，她很可能已经达到了自己注意力的极限。

“你在注意力方面的问题是一直都有？”心理咨询师问南希。

“不算是。”南希说，“类似问题在过去也偶尔出现过，但并没有这么严重。在上一份工作中，我只是被安排负责一个专门的项目。现在，我突然间承担了这么大的责任，一下子根本承受不了……”说到这里，南希忍不住露出了笑容，“有一次，我本来应该下午5点参加一场会议，结果我彻底忘掉了开会的事，而是跟朋友共进晚餐去了。”

“你感觉自己到达极限了吗？”心理咨询师问她。

南希皱起了眉毛：“我的极限？”

“是的。”心理咨询师说，“按照你的描述，在生活的某些阶段，你被要求得太多，需要关注太多的信息，承受了太多的干扰，结果达到了你注意力的极限。现在似乎就是这样一个阶段。”

“有意思。”南希说，“我还不知道注意力也有极限。”

人类的大脑是一个无比复杂的有机体，它完全具有集中注意的能力。大脑的复杂与精巧最能在我们的注意能力中体现出来，即来自所有感官的刺激和之前储存的信息，在几秒钟之内就能得到大脑的组合与解析。

当心理咨询师说“注意力是有极限的”时，南希看上去并不明白心理咨询师想表达什么。“通常，你能集中注意力在一件事上多长时间？”心理咨询师问。

“最多也不会超过两个小时。”南希回答得很肯定。

这就对了。尽管我们的大脑具有很强的注意机能，但它能够集中注意力的对象和时间都是有限的。正常的注意力维持时间是多久呢？一般的成年人通常可以连续保持注意力一个多小时。而较差的人只能保持10～15分钟，不能一直聚精会神执行手头的任务，而是过不了几分钟就会离开座位，给自己倒杯水，把目光投向窗外。如果任务的截止期限将至，或者任务本身特别新鲜有趣，倒是可以让注意力保持更长一点的时间。

南希现在的情况是，她可以连续半个小时至一个小时把注意力聚焦在工作上，然而当工作负担突然增加，迫使她处理和应对更多的信息时，她的注意力状况就会急转直下。

“为什么我有时能集中注意力，有时却怎么也集中不了呢？”南希充满期待地看着心理咨询师。

心理咨询师告诉南希，能“抓住”注意力的刺激因素，通常跟我们的目标相符，这比刺激本身的显著性（比如声音大小）更加重要。例如，我们听到了救护车的声音，可以在短时间内处理大量关于救护车的信息，然后再回到之前的工作任务上来。但如果我们的手机在这时响了，是伴侣、上司或者医生打来的，那么我们完全可以把救护车闪烁的警灯和长鸣的警笛声隔绝在外，把自己的注意力集中在电话内容上，因为后者是真正重要的信息，是值得重视的目标。对于保持注意力有困难的人来说，这个例子的启示就是，我们需要尽可能培养目标导向型注意力。我们需要有目的地注意，而不是任由注意力被开过来的每一辆救护车吸引。

我们好像是在把注意力当成一种单一的能力或者素质来讨论。事实上，科学家把注意力划分为两种不同的类型——目标指向型注意力和刺激驱动型注意力。

科学家们目前尚未确定哪些因素会让刺激更容易吸引我们的注意力。或许是刺激的显著程度，或者是刺激本身的某种特征，例如突然出现的刺激。尽管相对于其他物种，我们人类的进化程度更高，但吸引我们注意力的可能仍旧只不过是“亮晶晶的金属物体”——就像猫的注意力会被摆荡的悬挂物体吸引一样。

目标指向型注意力由我们内心中的目标和期望驱动，是自我主动的选择。这种类型的注意力符合我们生活的特殊情况、特定的兴趣和时间的目的。这类注意力的驱动模式是“自上而下”的，发源于大脑皮质中负责认知控制的区域。对于南希来说，当她正在为客户整理文件，她努力在富人聚居的郊区建立良好的客户基础时，她的目标指向型注意力一般都处于“开启”状态。此时，她的自控力是生效的。

与目标指向型注意力相对的，是刺激驱动型注意力。广告商们对注意力进行过长期的研究，他们很清楚引导受众的刺激驱动型注意力。许多成功的广告宣传都采用了对于目标受众显著的讯息传递方式，合理运用刺激驱动，从而长久地吸引受众的注意力。一个经典例子是20世纪80年代初期，苹果个人电脑打出的广告词——“我们剩下了这些人的电脑”。当时，尽管许多美国消费者对个人电脑及其功能很感兴趣，但却仍然感觉这些神秘的机器只有穿白大褂的专业人士才能理解，这句广告词一下子就吸引了他们的注意力，让苹果电脑一跃成为全世界特征最鲜明、运作最成功的品牌之一。

与目标指向型注意力不同的是，刺激驱动型注意力会受到各种外界刺激的吸引。例如，电脑上弹出来的窗口，地平线上划过的闪电，或者吉他上某一根弦的声音。这样的信息有时是至关重要的，但在更多时候是无意义的。这类注意力的驱动模式是由外部因素引导的。这或许就是南希遇到的问题所在，她深受外界各种刺激因素影响，例如来找她的人和他们提出的要求，一整天都在透过她敞开的办公室门对她进行干扰。此时，南希的自控力失效了。

毫无疑问，哈佛大学很多科学研究者长期处于施展目标指向型注意力的状态，因此，他们的生活显得比南希要有序。从这个意义上说，目标指向型注意力更值得我们关注，因为它能体现并培养一个人的意志力。

意志力就是集中精力做好眼前的事

一位哈佛大学毕业生投身商界后，取得了很大成就。于是，有记者问他：“是什么让你取得了今天的成就？”他回答：“不要去攀比，要有自己的长远目标，把眼前的事情做好最重要。只有用自己的学识，把眼前的一件件具体的事情做好，才能聚沙成塔、集腋成裘，成就更大的功业。”

经常听到有人抱怨，抱怨找不到合适的工作，抱怨自己的才华无法施展，抱怨不被领导重视，抱怨得不到发展机会，等等。这时候，我们应该自问一句："我做好眼前的事了吗？"如果没有，就要立刻冷静思考，尝试着改变自己。

我们要始终懂得一点，任何大事、实事都是从眼前事开始的。做大事难，做眼前事也难，把眼前事做好更难。正是有了踏踏实实做眼前事的品质，当人们纷纷转向更好的职位、更赚钱的职业时，才能在自己的领域内专心修炼内功，从而在某个时刻一鸣惊人，成为该领域内的专家。

好高骛远是人的通病。如果不克服这个短板，就无法迈出坚实的一步，也无法在成长的道路上阔步向前。人们无法集中精力做好眼前的事情，其实是缺乏专注的精神。在学习上、在工作中专注地做事，个人才能获得成长的机会。

心理学研究表明，人们习惯对明天充满更多期待，想象未来美好的日子。不过，如果不能从当下体验到生活的乐趣，无法投入应有的热情，必然在虚度光阴中感觉到生活的乏味，增加许多不必要的焦虑和压力。只有集中精力做好眼前的事，才会更有作为。

杰森是一个从事推销业务的新人，每天忙忙碌碌，很辛苦。这还不算什么，他最担心的是业绩不佳，那会有被辞退的危险。

有一次，他和培训师探讨如何寻找工作的意义，怎样实现苦中作乐。培训师没有直接回答，而是反问道："人生有生存、生活、生命三个层次，你觉得自己活在哪个层次比较多？"

他想了想，有点忧郁地说："在家里，我就是吃饭、睡觉、看电视，好像多半处于'生存'的层次；和同事能多聊一会儿，应该'生活'层次多一点；'生命'层次是什么？我不太懂。"

培训师又问："当孩子从外面回家，通常你会怎么做？"杰森淡淡地说："我会说：'回来了'。或者看他一眼，然后继续看电视，做自己的事情。”听到这里，培训师给出了答案：“你现在已经没有心情顾及亲情、生活乐趣这些东西了，养家糊口成了你生活的全部内容。虽然跟家人在一起，却不能分享时光的快乐，少了生活的情趣，对生命的领悟也没有，却为明天如何做好推销发愁，这就是你感觉不到快乐的原因。”

“噢！”他恍然大悟，“明白了，我只停留在‘生存’层次的‘赚钱’目的上，并且总是为明天担忧，结果不能专心做好眼前的事，所以感觉很累。”

培训师点点头：“是啊，你顾虑太多，患得患失，所以与客户交往时，不能全身心投入，交谈起来就会感觉很困难，压力也就自然地产生了！还有，回到家里，本来可以彻底放松一下，但是你也为明天的工作担忧，反而忽略了与家人分享生活快乐的时间，因此感觉越来越累。”

后来，杰森上班的时候专心做事，每天都让自己进步一点点，压力反而小了；下班后，节假日，他和家人在一起用餐、谈心，感受到的是人生的乐趣。

任何时候，专注赢得胜利，集中精力于眼前的事情，把简单的事情做到位就是不简单。着眼于当下，我们应注意做好以下几件事情。

第一，做好眼前事，首先不能有攀比的心态。在青少年中间，攀比的现象并不鲜见。诸如，没出国的跟出了国的比，薪水低的跟薪水高的比。结果，越比越不平衡，越比越不服气，进而把自己的目标定得高了又高，直到超出了自己的实际能力，最后无心做好眼前的事情。

第二，把眼前的所有事都作为大事。有些人不屑于做眼前事，总以为眼前事是小事，是琐碎的事，是无所谓的事。总感觉自己应该是干大事的人，自己该成就一番大事业。实际上，任何一番大事业都是由小事组成的，没有小事的积累便不会有大事的成功。只有默默无闻地积累，才能达到厚积薄发的目的。

第三，始终重视团队的力量。做任何事情都必须依靠团队的力量，单枪匹马的力量是有限的。因此，凡事不能过分地看重自己、高估自己，认为什么事都是自己比别人做得好。在社会协作分工越来越细的今天，少了别人的参与，依靠单打独斗，任何一番大事业都难以成功。

眼前的事就是最重要的事情，就是立即应该做的事情。在遇到各种繁杂的事务时，都能够毫不推卸地自己完成，分清事情的轻重缓急，然后逐一完成。

注意力不可能完全受自己控制

我们每天都在不断地思考，试图集中精力去完成一些事情。假如我们的注意力不受自己的控制，胡乱奔跑，那么我们将无法完成任何事情！

大家可能都有过这种体验，脑海里不受控制地出现某种想法，或者某个形象。比如，在听别人讲话的时候，自己忽然想到其他的事情。又比如，在睡觉之前，明明想不再思考、赶紧入睡，但是脑子却不受控制地想着一些事情，结果怎么也睡不着。

可见，我们的注意力并不会总是随着我们的意愿行事，很多时候它都不受我们控制。这种现象会严重影响我们的工作和生活，让我们无法专注地做一件事。

那么，我们的注意力在多大程度上是受控制的呢？这种无法控制注意力的现象又会在什么时候出现？哪些想法的出现是在我们的控制范围之内？我们又应该如何控制自己的注意力？对此，哈佛大学的心理学家展开了一系列实验。

我们的思维在很多时候都不受我们的控制，不会按照我们的意愿集中在某些事情上，它会时不时地开小差。美国哈佛大学的心理学教授丹·韦格纳在这个理论基础上，做了一个跟注意力控制有关的实验。

韦格纳将参与实验的被试者随机分成了两组。他让第一组被试者先在头脑里默想白熊 5 分钟，然后，让第一组被试者不要再想白熊。

对于第二组的被试者，实验者刚好采取了相反的处理方式，先让被试者不要想白熊，5 分钟后，再要求被试者在脑海里尽情地默想白熊。

实验者要求两组被试者在整个实验过程中，只要脑海中出现了白熊就拉铃。实验者会记录被试者的拉铃次数。其中，被试者需要克制自己不去想白熊的阶段称为抑制期，尽情想白熊的阶段称为表现期。

结果，实验者发现，两组被试者在两个阶段中都拉铃了。但是，第一组被试者比第二组被试者更能成功地抑制对白熊的想法，拉铃的次数更少。

这个实验之后，丹·韦格纳还进行了类似的实验，而且从实验中发现，注意力控制也会消耗个体的意志力。

丹·韦格纳将被试者分成两组，让第一组被试者解答一些中等难度的数学题；让第二组被试者写下自己实验时的想法。而且，第二组被试者不仅要完成同等难度的任务，还要避免在脑海中想一只白熊。

第一阶段完成后，丹·韦格纳让两组被试者分别观看同一个喜剧电影，要求其在观看时压抑自己的情绪反应，即不要在观看时表现出开心、高兴等情绪。丹·韦格纳对比两组被试者的表现，发现第二组被试者比第一组被试者表现出更多开心、高兴的情绪。

丹·韦格纳认为，这是因为第二组被试者在观看喜剧电影时，没有足够的意志力资源来控制自己的情绪反应。

从实验所得到的结果，丹·韦格纳得出了以下结论：个体不可能完全控制自己的注意力；个体越是抑制一种想法，脑海里就越容易出现这种想法，注意力很难集中。

很多人在谈到自制力时，想到的是如何抵抗诱惑、坚持一个计划或者控制自己的情绪。但是极少人会想到注意力不完全受自己主观的控制，也不会想到注意力控制会消耗自己的意志力。

前文中，我们曾讲过，意志力是一种有限资源，而生活和工作中对于意志力的需求又很多，因此，意志力的调控就显得非常重要，其中包括意志力的分配、恢复等。

大多数人都知道，行为和情绪的控制是自我控制的范畴，因此，在对意志力进行调控时，也会将这两者考虑进去。但是，因为很少有人知道注意力控制也是自我控制的一种，也会消耗意志力，所以他们很少考虑注意力控制的问题。

但注意力控制在生活和工作中却很普遍。比如学习时，我们需要控制自己的思维集中在所学的知识上；工作时，我们需要控制自己的思维集中在面前的工作任务上。类似这样的注意力控制，大家都习以为常。这些都属于自我控制的范畴，它们都会消耗个体的意志力。因此，我们在进行意志力调控时，不要漏掉注意力控制。当我们在考虑意志力的分配与恢复时，不要忘了，注意力控制也会消耗意志力。

从实验中可以得知，当一个人努力提示自己不要去想某些事情，克制自己不去想某些事情的时候，大脑的思维就越容易脱离个体意愿的控制去想那件事。心理学家把这种现象称为反弹效应，或者是自我控制的逆效应。所以，当我们发现自己的脑海里出现某种不可控的想法时，不用刻意地控制自己不去想。不如当这些杂念出现时，直接将自己的杂念写到某张纸上，写完后，再重新把自己的注意力集中到相应的事情中。

当自己空闲下来时，可以再去想这些事情。因为这些杂念很多时候都是自己想要去做但是未完成的事。假如一直放着，有可能会因为未完成而产生一种驱动力，导致自己不断地想起这件事。

在关键时候，个体怎样思考将会产生非常大的影响。比如，在比赛时，选手的消极思维极有可能导致他在赛场上失利。因此，平时应该适当训练自己的注意力控制能力。

要将注意力投放在哪里呢

我们或许曾有过这样的经历，一位同事对自己说，“我昨天把项目表发送给你了，你不记得了吗？”或者自己的伴侣坚持说，“我告诉你备用钥匙放在哪里了，你不记得了吗？”自己感到很惊讶，因为自己真的完全记不得项目表或者钥匙的事情，仿佛这些事情从未发生过一样。这是因为自己当时并没有集中注意力，并没有对项目表或钥匙的信息进行处理。集中注意力并不总是自发的过程，如果我们不是有意识地集中注意力，就有可能错过某些发生在我们身边的事件，“我不记得了”往往意味着“我一开始就没有集中注意力”。

一个人意志力如何，关键不在于是否能集中注意力，而是是否愿意集中注意力。另一方面，如果从来没有反思过自己的注意力，就不可能意识到注意力与一个人意志力的深层关系。

集中注意力，聚精会神，保持警醒，专注于任务，紧盯着目标，侧耳倾听，投入到任务当中。说起来简单，做起来困难。哈佛大学研究发现，保持注意力的实际过程是一项非常复杂的任务，需要大脑诸多区域的通力合作。保持注意力远比观察某件东西、某个人的某一行为要复杂得多。

我们多数人没有反思自己注意力的习惯，理所当然不了解“注意”是有一个过程的。

所谓的注意过程，第一步是判断刺激的来源。无论是电视上的广告、教室前面的老师，还是远处闪烁的红灯，都可能是刺激的来源。

注意过程的第二步，是接触更多的信息。我们可以非常快速地吸收和处理大量的信息。不要忘了，无论我们感到自己的生活有多么混乱，我们最近在办公室和家里有多么容易走神，我们仍然可以运用认知能力与潜力来关注一件事。

注意过程主要发生在大脑的皮质区域，也就是大脑表面的沟回结构——大多数的信息处理过程都是在这一区域进行的。皮质区域可以细分为若干个功能区域，分别执行不同的功能。信息首先由大脑皮质的后部区域接收，然后再由前部区域处理。所有这些信息会以神经元信号的形式从大脑皮质的后部传导到前部，经过处理与提炼，跟与之相关的体验记忆相结合，直至进入位于前额叶皮质的注意力“控制节点”——负责主导我们行为与反应的区域。前额叶皮质被认为是注意过程的控制中枢，考虑到它在情感管理中的关键作用，这一点并不奇怪。它的功能是帮助我们在更长的时间尺度上保持注意力，继续接收和处理刺激信息，计划采取相应的行动。前额叶皮质也帮助我们隔绝无关的刺激——例如旁边人打电话的内容，街道对面的行人等。

注意过程从辨认刺激来源开始，随着注意力的保持而继续，同时也取决于我们应对无关刺激与干扰信息的能力。前额叶还会参与更加复杂的注意和组织行为，包括把注意力从一件事情转移到另一件事情上的过程，以及运用记忆把注意力保持在某一件事情上的能力，即使最初引起注意力的刺激已经消失。

话又说回来，以注意一辆救护车为例，站在是否扰乱生活的角度，并不十分有力。为什么？因为整件事发生在几秒钟内，影响也就这几秒钟而已，不见得能分散一个人多少注意力。

哈佛大学的教授在说明这个原理的时候曾经举了这样一个例子：

你是一个正在上课的学生，正在聚精会神为接下来的升学考试努力着。这时，很可能脑袋里闪过一些与课堂无关的念头，比如想吃一块面包，因为肚子叽里咕噜响个不停；比如想下课之后，再弹一个小时吉他，因为晚上有歌唱比赛……这时，你将面临考验，是将注意力放在“面包”和“吉他”上，还是认真听课。此时，你是否还能记得升学考试有多么重要？

幸运的是，我们的大脑十分擅长管理彼此相异甚至互相冲突的注意模式，包括符合目标的目标导向型注意力，以及可能跟我们的目标相左或者改变我们目标的刺激驱动型注意力。最理想的平衡方式或许是维持和发展目标导向型注意力，同时对刺激驱动型注意力进行管理，只允许自己被与当前目标相符的刺激所吸引。所以，如果是一个看重升学考试的学生，就会主动把注意力放到课堂上，而不会在“面包”和“吉他”跟前掉链子。

简单地说，意志力好的人，就是该注意的时候注意，不该注意的时候不注意。

第六辑

不要轻易被诱惑，让自己拥有超强的定力

有人说，没有不被诱惑的人，只有不够力度的诱惑！所以，能不能抵御诱惑是一个人有没有超强意志力的体现。人生有很多失败和灾难都是因为“忍不住”。从某种程度上说，避免诱惑就是避免失败或灾难。

真的是“就放纵这一次”吗

在面对诱惑时，我们也许产生过这样的想法：就放纵这一次，从明天开始就好好工作或者好好学习。

发现接下来的工作任务很重，在时间上有点紧张，所以计划在周六、周日加班。但是周六时，又发现自己非常不想工作。起床的时候，只想好好再休息一下；吃完早饭后，只想玩玩游戏、看看小说，来放松一下自己。这个时候我们可能会想：“今天就先放松一下自己，明天再努力工作。大不了在工作日的时候不再偷懒，好好工作，估计也能够完成。”于是，在这种想法之下放弃加班，顺从了自己的欲望。

其实，很多人在遭遇诱惑的过程中都有过类似的体验。他们都想着：“反正也就这一次，以后管好自己，不再放纵自己就行。”

但事实上，当人们再次面对诱惑时，依然很难拒绝，很有可能做出同样的行为反应。比如，在周日再次面对休闲欲望时，可能会想：“工作日再好好地专心工作吧！”

因此，当我们面对诱惑说出“就放纵这一次”的时候，真的只是放纵这一次吗？能够保证下一次面对诱惑时，能够控制自己、拒绝诱惑吗？

心理学家的实验证明了宽度对矛盾识别的影响。而关于一致性对矛盾识别的影响，也有心理学家提出了自己的观点，并进行了相应的实验研究。

哈佛大学心理学教授菲斯巴赫的观点是，当个体强调目标的追寻时，个体就会想到面对诱惑时自己行为的一致性，更倾向于采取自我控制策略。而当个体将目标和诱惑放在一起权衡考虑时，个体就倾向于考虑暂时先满足自己的欲望，再去追寻自己的目标。而不会考虑到面对所有诱惑时行为的一致性。

菲斯巴赫做过这样一个实验：他将代表健康饮食的胡萝卜和代表不健康饮食的巧克力，以两种方式呈现给不同的被试者，并要求被试者从两种食物中选择一种。其中一种方式是将胡萝卜和巧克力分开放在两个碗里，另一种方式是将两者放在同一个碗里。

菲斯巴赫设想，分开呈现时，个体会更加清楚地看到两种食物代表的不同健康目标，即胡萝卜代表健康，巧克力代表不健康；而同时呈现时，这种不同的健康目标就会被弱化。个体看到的将是两种食物之间的相互补充。因此，菲斯巴赫猜想，在两种食物一起呈现的条件下，个体应该会更加难以看到巧克力和健康目标之间的矛盾，更倾向于选择巧克力。

最后，菲斯巴赫统计两种不同的呈现方式下，选择胡萝卜和选择巧克力的人数，发现分开呈现条件下选择胡萝卜的被试者人数更多。

实验结果证实了菲斯巴赫的猜想：当目标清晰时，人们更加有动力进行自我控制。而当人们将目标和诱惑放在一起权衡考虑时，他们自控的动力会减弱。

这个实验解释了人们在面对诱惑时的行为选择与自我控制。但在解答其他方面的自我控制问题时存在一定的缺陷，比如思维、情绪上的自我控制。因此，这些实验所证实的观点受到了一些心理学家的批评。

所以，在自我控制的过程中，为了加强自我控制的动力，最好将自己的目标和面对的诱惑分开考虑。

假如我们在执行一个身体锻炼计划。计划执行中途，非常想偷懒，想要通过休息放松一下自己。比如，今天不想去锻炼了，想要在家里玩游戏。

按照菲斯巴赫的观点，这个时候，假如考虑到锻炼自己的身体是为了保持身体健康，而在家里玩游戏是让身体朝着不健康的方向发展的行为，比如电脑辐射对身体不好，玩电脑会耽误锻炼身体的时间等。我们将会更加明确自己对健康目标的追寻，从而拒绝在家里玩游戏的诱惑，坚持自己的身体锻炼计划。

但是，假如将在家里玩游戏与坚持身体锻炼计划放在一起考虑，认为玩游戏和锻炼身体是影响身体健康的两种活动方式。我们将难以意识到自己是在面对一个难以拒绝的诱惑，而下次、下下次面对这个诱惑的时候，依然会难以拒绝。我们可能会觉得在坚持锻炼的同时，也需要适当的休息和放松。从而，就更容易接受在家玩游戏的选择。

因此，从这个理论来看，我们在进行自我控制时，可以将面临的某些诱惑分开来看。不要将它看做我们行为控制中的一部分，而是将它看做与我们的自我控制目标相反的另一部分。这样有利于我们坚持自我控制。

从菲斯巴赫的理论中，我们还可以得到另外一个启示：加强自己面临诱惑时行为一致性的意识，可以帮助我们加强自我控制。

很多人因为无法正确地估计自己在面对诱惑时的一致性行为，从而在面临诱惑时，更加难以控制自己抵制住诱惑。我们在面临诱惑时，出现的“只放纵这一次”的想法，就是对自己行为一致性的估计。只不过，我们认为自己下一次能够成功地拒绝诱惑，不相信自己还会做出同样的选择。

但事实上，大多数人再次面临诱惑时，依然不具备足够的抵抗力。因此，在面临诱惑时，不要低估自己行为一致性的力量。适当地认识到自己下次还会有同样的行为，有利于我们成功地抵抗诱惑。

为什么人总是禁不住诱惑

说起自我控制，大部分人都会想到诱惑。因为很多人都有过抵制诱惑的经历，而抵制诱惑的结果有成功，也有失败。这种成功和失败可以在一个人或者不同的人身上得到体现。比如，一个人成功抵制了甜食的诱惑，但是有可能无法抵制一双昂贵的新品鞋子的诱惑。这是在同一个人身上出现的对不同诱惑的抵制结果。

在面对同一种诱惑的时候，不同的人也会出现不同的抵制结果。

康奈博士曾经是一个烟瘾很大的人，由于身体状况不佳，康奈博士开始戒烟。几乎每天吸掉一包香烟。但是，一开始谁也没在意。但后来，康奈博士真的把烟戒掉了。周围很多吸烟的朋友都表示很惊讶，因为他们也曾多次尝试戒烟，但总是在戒烟过程中因为经受不了烟草的诱惑而导致戒烟失败。

可见，同一个人对于不同的诱惑，以及不同的人对于同一种诱惑的抵抗能力都是不一样的。那么，这种现象是怎样造成的呢？通过什么样的方法可以提高自己对于某种诱惑的抵抗力呢？我们来看一项实验，这个实验的结果可以给我们带来一些启示。

在延迟满足实验中，实验者让一群孩子选择是即刻吃掉眼前的一颗诱人糖果，还是等待20分钟之后吃上两颗糖果。结果，两种选择各有人选。其中，选择“即刻吃掉眼前的一颗糖果”的被试者，被称为低延迟者；而选择“在等待20分钟之后吃上两颗糖果”的被试者则被称为高延迟者。

40年后，另一批实验者为了进一步研究个体的自我控制能力，将当年参与糖果实验的孩子们重新召回实验室，进行了新一轮的实验研究。

在实验中，实验者同样需要一些引起被试者失控的因素。但是很显然，40年前使用的软糖对于成为大叔大妈的被试者已经没有作用了。所以，实验者选择了一些脸孔代替软糖来刺激被试者。

具体实验过程是这样的。

实验者给被试者随机呈现一些男性和女性的面孔，要求被试者对这些脸孔的性别进行辨别，通过按键做出选择。

实验者对所呈现的脸孔图片进行了一定的处理，前后呈现的脸孔图片在表情上存在巨大差异。实验的前半部分，实验者呈现给被试者的脸孔都是没有表情的，实验的后半部分，实验者呈现给被试者的脸孔都带有一定的表情，有些是积极的表情，如高兴；有些则是消极的表情，如恐惧。

实验者猜想，个体在看到一些带有表情的脸孔时，会不自觉地被吸引（有实验研究证实过，带有表情的脸孔更具吸引力），被试者的注意力会被转移分散，这个时候，被试者对脸孔性别的辨认就会受到影响，他们的按键反应会变慢，而按键反应的准确度也会降低。

所以，在实验过程中，实验者会记录下每个被试者按键反应的准确度。除此之外，实验者在整个实验过程中，还同时使用功能性磁共振成像对两组被试者大脑中跟延迟满足相关的神经系统进行了监控与观察。

最后，实验者对收集到的数据资料进行分析。从被试者按键反应正确率的统计中，实验者发现：低延迟者与高延迟者在实验的前半部分（即出现的脸孔都是没有表情的实验部分），其按键反应准确度没有差异；但是到了实验的后半部分，低延迟者比高延迟者出现了更多错误。尤其是当出现的脸孔带有积极的情绪时，低延迟者的错误率更高。

对比被试者的神经活动图，实验者发现，在实验的后半部分，当被试者看到有吸引力、带有表情的脸孔时，高延迟者的大脑中跟抑制冲动和自我控制相关的右前额叶脑回的活动非常活跃，且其活跃程度远远高于“低延迟者”此区的活动。但是，低延迟者大脑中也有一个比高延迟者更加活跃的地方，那就是大脑中负责处理积极和奖励信号的腹侧纹状体部分。

实验者对实验的结果进行了分析，高延迟者和低延迟者在实验的前半部分中按键反应准确率几乎没有差别，这表示两者在面对正常刺激时，反应速度和准确度几乎没有差别，即两者的反应水平相当。但是，两者在面对带有表情的脸孔时，其按键反应却出现了差别，这说明两者在面对诱惑时的自我控制能力有所差异。而两者的神经系统成像图又反映出，在面对具有吸引力的脸孔时，高延迟者的自我控制中枢非常活跃，说明高延迟者正通过意志力抵制诱惑。而低延迟者的腹侧纹状体部分很活跃，这说明低延迟者在面对诱惑的时候更加兴奋，想要奖励自己。

这个实验结果为我们之前提到的问题提供了一种解释：一个人对不同的诱惑具有不同的抵抗力，可能是因为一个人对不同的东西有不同的敏感度；而不同的人对同一个诱惑的抵抗力不同也是因为他们对这个东西的敏感度不一样。

对一个人越是敏感的东西，在产生诱惑时候，他就越难抗拒。而从实验中高延迟者和低延迟者的区别可以看出，两者不仅在意志力上有差异，对于诱惑也有不同的敏感度。延迟能力越低的个体，即意志力越低的个体，其对诱惑的敏感度就越高。

从这里可以看出，一个人对诱惑的敏感度会对他在抵制诱惑时的意志力产生很大的影响。而对诱惑的敏感度，则应该从一个人的体验和平时对诱惑的意志力来判断。假如，面对一种诱惑的时候，我们非常兴奋，而且对于这种兴奋感根本就无法抵抗或者说没有想过抵抗，那基本上可以说明，我们在此刻对于这种诱惑非常敏感。面对这种敏感的诱惑时，我们的意志力会变弱，变得难以抵抗。所以，假如我们正在抵制某些诱惑，或者想要防止自己被某种诱惑干扰，但是又对这些诱惑非常敏感，那么最好避免这种诱惑出现在自己的面前，以此来防止自己在诱惑面前失控。比如，一个人正在减肥，但对美味的甜点一直没有抵抗力，为了避免自己在减肥过程中被甜点所诱惑，上下班时最好避开路上的甜点屋，并且提前跟自己的好友打好招呼，让他们不要叫自己一起出去买甜点。

状态不好时抵制诱惑的意志力变弱

什么时候我们最不能抵抗诱惑呢？哈佛大学的希金斯教授结合自己的经验，将其大体分为两种情况：一是当自己意志力薄弱的时候，即意志力被大量消耗掉的时候，比如在忙了一整天之后；二是当自己正处于对被诱惑对象极度饥渴的时候，比如一个有烟瘾的人，全天都没吸烟的时候。事实证明希金斯教授的观点是可信的。

希金斯教授回忆道，自己曾去伊斯兰地区工作了一年，在这一年之内他没有沾过荤腥。过年回家的时候，他母亲端出来一碗米粉肉，他一口气都吃掉了。试想，要是在随随便便都能够吃到肉的时候，希金斯教授怎么会一见着米粉肉就扑上去吃一大碗？即便再想吃，估计也能忍上一阵。所以说，当一个人本身处于一种对某种东西极度饥渴的状态时，他更容易被其诱惑。

诱惑是意志力研究中的一项重点内容。通过观察和研究，心理学家认为，诱惑能够消磨个体的意志力，从而影响个体的行为，个体需要意志力驾驭自我控制的行为。

在研究诱惑对个体的影响的过程中，有心理学家提出了两种相反的理论。第一种理论认为，诱惑会影响个体的认知，使个体认为“服从于诱惑才是正确的选择”。比如，戒烟者面对香烟的诱惑时，可能会想到“我要是不吸烟，就没有精神工作”，这会促使吸烟者心安理得地选择吸烟。这个理论的基本观点就是：诱惑影响了个体的认知，而这种认知会促使个体出现非理性行为。

另一种观点则认为，诱惑出现时，会引发个体的自我保护机制，立即产生警惕和抵制。比如，给戒烟者一根香烟，他脑海里立即会产生“我正在戒烟”之类的想法，从而拒绝接受香烟。

在这两种观点的影响下，有心理学家提出了新的观点。这种观点认为诱惑对一个人的影响与其当时所处的状态相关。对此，希金斯教授专门进行了实验加以验证。

希金斯教授选择了50个关系亲密的男学生作为被试者。实验中，他们被随机分成了两组：第一组被试者被安排去观看一部成人影片；而第二组被试者被安排去看一部关于时装秀的影片。

两组被试者看完实验者安排的影片之后，实验者又给他们看一些性感女郎的图片。希金斯教授会观察被试者看到图片的反应，并记录其目光停留在上面的时间。

一周之后，这些被试者再次被请回实验室，进行相同的实验。不过，在这次实验中，希金斯教授发放性感女郎照片的同时还告诉他们：这些照片上的性感女郎都是即将入学的女学生。希金斯教授的目的在于让被试者产生一种“自己将有可能与这图片上的性感女郎发生点什么”的想法，从而使实验中性感女郎的照片产生了更强大的诱惑力。

希金斯教授的设想是，观看成人影片的被试者会在一定时间内处于一个躁动的、内心“焦灼”的状态；相反，观看时装秀影片的被试者，其内心则处于一个“冷静”的状态。假如，个体状态会影响到诱惑对个体的作用，那么两组被试者看到性感女郎的图片时，在反应和停留时间上将会有一定的区别。

结果，第一组被试者，即内心处于躁动状态下的被试者，在第二次实验中盯着图片看的时间果然比第一次实验中要长得多。

除了以上实验，希金斯教授还进行了另外一个类似的实验。在这个实验中，希金斯教授将被试者换成了吸烟者。同样将他们随机分成了两组。

希金斯教授要求第一组被试者在实验之前的3个小时内禁烟，而要求第二组被试者在实验开始前吸烟。实验的目的在于，让第一组被试者处于一种吸烟欲望没有被满足的饥渴状态，而让第二组被试者处于欲望得到满足的状态。

实验开始后，实验者让两组被试者分别评估吸烟的乐趣，展示他们对香烟的依赖程度。

在间隔一段时间之后，这些被试者再次被请回实验室，进行第二次实验。第二次实验跟第一次实验的处理只有一处不同，在第二次实验中，加上了一个延迟选择。希金斯教授给被试者一些香烟，告诉他们：假如他们等待30分钟后再吸烟，就可以得到3欧元，假如立即吸烟就拿不到钱。

实验者观看了两组被试者在面对香烟的诱惑时的反应，以及他们对香烟的评价之后发现，第一组被试者，即没有得到满足的吸烟者，对香烟的评价更高，而且更容易选择立即吸烟；而第二组被试者，即得到满足的被试者，其对香烟的评价相对较低，更容易选择等待30分钟再吸烟。

根据上述两个实验中两组被试者的不同反应，希金斯教授得出以下结论：一个人本身的状态会影响诱惑对他的作用。当一个人对诱惑处于一种不满足的状态时，他会很容易改变自己的认知，选择被诱惑；而当一个人处于一种满足的状态时，他会更加倾向于抵抗诱惑。

从实验中可以看出，一个人的状态怎样，在很大程度上影响诱惑对他的作用。而在不同的状态下，诱惑所产生的影响也不一样。从这里我们可以获得启示：面对诱惑，我们要时刻关注并判断自己所处的状态，针对自身状态选择合适的抵抗诱惑的方法。

不同的状态下，诱惑对我们的影响也不一样。当自己状态不好（对某种诱惑处于极度不满足的状态）时，诱惑会改变我们自身的认知，让我们对接受诱惑变得理所当然；而状态好（处于一种满足的状态）时，我们会更加坚定地抵抗诱惑。

很显然，在这两种状态下诱惑产生的影响不同，导致我们抵抗诱惑的难度变得不一样，因此，我们采取的措施也应该不一样。由此我们可以认为，在面对诱惑时，准确判断自身状态对选择合适的抵抗措施非常重要。

状态不好的时候，诱惑会改变一个人的认知。这其实是人们的一种自我调控手段，目的在于使自己内心平衡。假如一个人处于一种未被满足的状态，非常想要满足自己，那么在面对诱惑时，他就倾向于选择被诱惑。这时，为了达到内心的平衡，他就会改变自己的认知，为自己的行为找一个“合理”的理由，促使自己心安理得地接受诱惑。

在这种状况下，想要抵抗诱惑，最有效的办法就是避开诱惑。这是因为，我们难以意识到自己认知的改变，这个时候想要利用改变自己认知观念的方法来控制自己不受诱惑会变得非常困难。因此，最好的办法就是避开诱惑，避免出现自己在不知不觉中心甘情愿地被诱惑的情况。

状态良好时，也就是当一个人处于满足状态时，他对相应事物的需求就会暂时减少。如吸烟者在吸烟过后，对烟草的欲望得到满足，对烟草的需求也暂时减少。这就导致人在这种状态下，对诱惑的抵抗力变强。

从一个人的内心平衡来讲，当他得到满足时，一方面本身需求下降，抵抗诱惑变得容易；另一方面，在认知上，他会认为需要抵抗诱惑，同时还有可能为刚刚得到的满足有一定的“罪恶感”。因此，在这种状态下，无论是需求、认知还是情感都支持他抵抗诱惑。

所以，当判断出自己是处于这种已满足的状态中时，就更容易顺从自己的想法，抵抗诱惑，同样还可以将自己有限的意志力分配到其他需要的地方。除此之外，还可以体验自己在这种状态下成功抵抗诱惑之后所带来的成就感，强化抵抗诱惑的决心及行为。

在面对诱惑时，除了要准确地判断自身所处的状态之外，还可以通过一定的方法调整自己的状态。比如，当发现自己处于一种不满足状态时，预先对自己进行认知调整，或者通过其他积极的形式让自己获得一定满足，从而让自己处在积极的状态下，这样才更容易抵抗诱惑，控制自己的行为。

我们拿什么抵御大诱惑

在课堂上，心理学教授、心理学家阿奇利对学生们讲了这样一个故事：

一个商人来到三家店面：A 店、B 店和 C 店。商人对三个店主说："我现在可以给你们 1 万元的货物，等你们把货物卖完再把货款给我。"三位店主满口答应。

一个月后，三个店主都把货物卖完，并如期把货款给了商人，并提出赊购进货的要求。这一次，商人给了他们每人 2 万元的货物。

第二个月过去了，A 店店主消失了，他没有归还商人的货款，也没再来进货。B 和 C 两店的店主则如期交了货款，又提出赊购货物。这一次商人给了两个店主各 5 万元的货物。

结果，第三个月过去后，B 店店主也消失了。只有 C 店店主归还了货款，继续向商人赊购货物。几个月后，商人一次给了 C 店店主 15 万元的货物。这一次，C 店店主也消失了。

故事讲完后，阿奇利对学生说："不同的人有自己不同的底线，不是不受诱惑，只是诱惑的筹码还不够。"从阿奇利的这句话里可以看出，面对诱惑，谁都有可能无法抵抗。而诱惑越大，成功抵抗的可能性就越小。

可见，诱惑的大小会在很大程度上影响到一个人抵抗诱惑或者自我控制的结果。有人说，没有不被诱惑的人，只有不够力度的诱惑！一个人抵抗诱惑的意志力的极限在哪里？对此，还有一个心理学的实验可以说明。

阿奇利和沃登教授做过一个与手机短信相关的延迟满足实验。

在实验中，阿奇利将被试者随机分成了两组，让他们分别回答一些不同的问题。阿奇利问第一组被试者，假如你收到一个重要的人给你发的短信，如果你立刻回复这条短信，你能得到5美元；但是如果你等上一阵子再回复，你最多可以得到100美元，你会怎么选择？这个等待的时间被限定在1～80分钟范围内。

阿奇利问第二组被试者，给你两个拿钱的选择，一个选择是现在拿钱就得5美元，另一个选择是等会儿再拿钱，最多可以得到100美元，你会怎么选择？被试者等待的时间为1～150天。

结果，两组被试者都能够等上一段时间，选择延迟满足。但是，第一组被试者等待的时间更短。阿奇利认为，对于第一组被试者来说，回复重要人物的短信可能也是一种奖励，所以回短信与拿到钱是双重诱惑。而被试者在面对双重诱惑时，比面对单纯的金钱诱惑时更没有抵抗力，所以等待的时间更短。

为证明这个猜想，阿奇利又进行了第二个实验。阿奇利问被试者：假如发短信的是一般朋友和亲戚，立即回复可得到5美元，等待一段时间后回复，最多可拿到100美元，你会怎么选择？等待的时间同样在1～80分钟范围内。

结果，被试者更多地选择了延迟满足，即他们选择等待更长的时间，从而拿到更多的钱。

从实验中前后两组被试者延迟满足等待的时间差异可以得出以下结论：对于个体而言，诱惑越大就越难抵抗。实验中，当被试者面对双重诱惑的时候，其延迟满足的能力变得更低，坚持等待的时间更短。这说明诱惑越大，一个人成功抵抗诱惑的可能性就越小。其实，我们也可以得到类似的实验结论，尤其是从之前提到的实验中被试者前后两次面对性感女郎照片时的不同表现即可看出：当面对更大诱惑时，个体的抵抗力相对变弱。从这里可以看出，诱惑越大，人们在进行抵抗的时候所需要的意志力就越大。

因此，当预料到自己即将面对巨大的诱惑时，我们要先让自己处于一个良好的状态，无论是意志力资源的状态，还是自己面对诱惑的满足状态。

这就像是打一场仗一样，只不过战斗的双方变成了意志力及其所面对的诱惑。意志力的“敌人”实力越强大，意志力就越应该提高警惕做好准备，以最好的状态进行战斗。这样，意志力取得成功的几率才会更大。

那么，具体应该怎样做才能战胜这种巨大的诱惑呢？

首先，要让自己具备良好的心态。收获和付出是对等的，世界上没有免费的午餐，收获多少，就必须付出多少。少了投机取巧之心，可以让自己在面对诱惑时变得更理智，从而更成功地控制自己。

很多被巨大诱惑所俘获的人，就是因为只看到了眼前的巨大利益，却没有想到在这种利益之后自己需要付出的东西，从而被诱惑击倒。在这个过程中，他们贪小便宜的心理也起到了推波助澜的作用。可见，良好的心态对保持理智、抵抗诱惑是非常重要的。因此，想要成功抵抗将要面临的巨大诱惑，就应该先调整好自己的心态。

其次，需要全面地了解信息。比如，这种诱惑带来的结果是好是坏？自己将要付出什么？会给自己带来哪些影响？信息的全面收集会帮助我们理智全面地考虑整个问题，从而在面临诱惑时更好地控制自己。

收集信息的目的在于让自己产生理智的判断，因此在做这一点时需要个体保持相对客观、理智的看法。不要让自己的情绪、主观偏见影响自己的判断。

除此之外，收集信息最主要的目的是让自己对事情的结果做出更全面的判断，然后通过从事情结果到选择的逆向思维，来帮助自己抵抗诱惑。比如，一个有钱人把一叠钱放在一个穷人面前，假如这个穷人知道这个有钱人是一个心思极坏的人，那么这个穷人就很容易想到这个有钱人并不是突发善心想要救济他，而是有可能让他去干些见不得人的事，并且到最后自己有可能拿不到钱，还会因为这件事受到制裁。想到这一点，穷人拒绝这笔钱的诱惑就变得相对容易。

最后，做好之前所说的两个准备。让自己的意志力资源处于良好的状态，让自己处于一种满足状态。

是什么影响自己的坚持

抵制诱惑常常体现在对某个原则、某个计划的坚持上。比如，谈恋爱或者结婚后坚持对另一半的忠诚；在完成工作任务的过程中，坚持执行某个工作计划；在生活中，坚持某个饮食计划等。很多人都有过坚持的行为，但坚持的结果却不一定每次都是成功。导致人们最终失败的原因，有时候是因为坚持得太久，意志力消耗殆尽；而有时候则是因为人们中途没能抵制住诱惑。比如，一个朋友曾经给自己制订了晨起跑步计划。一开始，执行得非常好，她每天早起出去跑步，顺便在外面吃早饭。但是两周过后，这个计划破产了。她总结原因时说："觉得每天一大早让自己克服困意起床，实在是件困难的事情，很难坚持下去。"

可见，在坚持某个原则或者计划时，人们往往需要极大的意志力来控制自己。因为，在坚持的过程中人们经常要面对各种诱惑和困难。

但是，有些人却比他人更能坚持，在学习和工作上也更有自控力。是什么原因造成了这种区别？是否可以通过一些方法来改善自己执行和坚持的能力?

在研究意志力的时候，心理学家提出了一个名为执行控制能力的概念。执行控制能力是一种宏观调控能力，指的是人们在执行某个计划时对自身行为的控制能力。心理学家指出，执行控制能力强的人更善于在执行计划或想法时，抵制诱惑、排除万难，坚持到最后。

哈佛大学心理学家朗科在研究“不同执行控制能力的个体对恋情的忠诚度”的时候，研究了不同执行控制能力的个体与抗拒诱惑的关系。他的实验对上面的这个观点做出了证明。

朗科找来了若干名处于稳定恋爱关系中的男性，让他们参与一个工作记忆更新的任务。工作记忆更新任务是指工作记忆系统监控输入的信息，并用与当前任务联系较大的新信息来替换与当前任务联系不大的旧信息，以修改工作记忆的内容。而工作记忆是指个体正在加工、使用的记忆信息。比如，在编写这个实验时，脑海中出现的关于这个实验的信息，就是工作记忆信息；在和朋友聊天时，脑海中出现的关于聊天的内容，就是当时的工作记忆信息。实验者使用这个记忆更新的任务是想要测试被试者的执行控制能力。

当这个任务进行一大半后，朗科又告诉被试者，因为要准备进行下一个实验，所以需要他们到外面一个房间里等待几分钟。而当被试者走进等待的房间时，发现有两个美女也在“等待”。这两个美女是朗科找的假被试者，美女们在朗科的安排下向被试者恰到好处地表示友好。而被试者在等待过程中与美女的互动，则被朗科全程录了下来。

等待过程结束后，朗科让被试者对等待室里两个美女的吸引力进行评价。朗科和两个美女假被试者分别观看录制的视频，对参与者的搭讪调情程度进行评分，他们评分的结果则被作为被试者抵抗诱惑的指标。

朗科对所有被试者的评分进行统计分析。结果朗科发现，被试者的执行控制能力越高，调情行为得到的评分就越低，即调情行为越少。

朗科认为，实验并不能说明执行控制能力越高的人就越能坚持自己的计划，因为有可能是因为他们本身就对美女的诱惑不敏感，导致他们在面对诱惑时压力更小。事实究竟是怎样的，依然需要实验来验证。

在第二次实验中，被试者有单身也有非单身，朗科先测量他们的执行控制能力。然后，让所有被试者参加一个“交往”游戏，让他们通过电脑来认识另一个人。这个人是一个非常有魅力的异性，当然也是朗科找的假被试者。在游戏中，被试者可以看到对方的照片，并通过电脑与对方聊天。

交往游戏结束后，朗科让被试者评价对方的吸引力，以及想在现实中认识对方的程度。

通过对执行控制能力不同的被试者的评价进行对比后发现，在单身男女中，不同执行能力的被试者之间的评价没有明显的差异，都会受到极具魅力的假被试者的吸引。但是，非单身被试者则出现了区别。实验二中，单身被试者对假被试者的评价没有区别，说明执行控制能力高的个体同样会被诱惑，即并不是执行控制能力高的个体就对诱惑有免疫力，他们和其他人一样都会被诱惑所影响。但是实验一的结果说明，非单身状态的被试者的执行控制能力越高，就越能抵抗美女的诱惑，控制自己的调情行为。这说明，相比执行控制能力低的个体，执行控制能力高的个体一旦建立起自己的原则之后，他们更能控制自己的行为，坚持自己的原则。

所以，心理学家得出了以下实验结论：执行控制能力有利于人们在执行某个计划、坚持某种原则的时候，排除来自诱惑、困难的影响，让他们坚持得更久。

实验结果充分说明，执行控制能力跟我们在执行计划或者坚持某个原则的时候能够坚持的时间密切相关。它能够帮助个体对某项计划有所坚持，并在坚持的过程中克服困难和诱惑。这也解释了为什么有些人坚持能力更强。其实，在实验一之前，朗科还做了一项实验，以正处于稳定恋爱关系中的男女为被试者，调查他们的执行控制能力，并让他们报告坚持对另一半的忠诚有多大难度。实验结果显示，执行控制能力越高的被试者，其感受到的难度越小。

可见，无论是从主观体验，还是从个体的意志努力上来说，一个人的执行控制能力越高，其对于原则和计划的坚持能力就越强。因此，人们在平时就应该适当地加强对个体执行控制能力的训练，提高自己的执行控制能力。

控制能力是相通的，只要两件事情在自控的难度上相同，那么只要能够坚持一件事情的执行，就可以帮助我们去坚持完成另外一件事情。所以，我们可以先从一些比较好坚持的计划或原则开始，锻炼自己的意志力。

大家都在做，自己会放弃吗

一般说来，群体成员的行为，通常具有跟从群体的倾向。比如，当有一些人说某商品好的时候，就会有很多人“跟风”前去购买，即使不怎么好，也会在心理上有所安慰，毕竟大家都在买，肯定差不了，上当也不是自己一个人。

日本著名企业家多川博因为成功地经营婴儿专用的尿布，使公司的年销售额高达 70 亿日元，并以 20% 的速度递增的辉煌成绩而一跃成为世界闻名的“尿布大王”。

在多川博创业之初，他创办的是一个生产销售雨衣、游泳帽、防雨斗篷、卫生带、尿布等日用橡胶制品的综合性企业。但是由于公司泛泛经营，没有特色，销量很不稳定，曾一度面临倒闭的困境。在一个偶然的机会，多川博从一份人口普查表中发现，日本每年出生约 250 万婴儿，如果每个婴儿用两条尿布，一年就需要500万条。于是，他决定放弃尿布以外的产品，实行尿布专业化生产。

尿布生产出来了，而且是采用新科技、新材料，质量上乘；公司花了大量的精力去宣传产品的优点，希望引起市场的轰动，但是在试卖之初，基本上无人问津，生意十分冷清，几乎到了无法继续经营的地步。多川博万分焦急，经过苦思冥想，他终于想出了一个好办法。他让自己的员工假扮成客户，排成长队来购买自己的尿布，一时间，公司店面门庭若市，几排长长的队伍引起了行人的好奇，“这里在卖什么”，“什么商品这么畅销，吸引这么多人”。如此，也就营造了一种尿布旺销的热闹氛围，于是吸引了很多“从众型”的买主。随着产品不断销售，人们逐步认可了这种尿布，买尿布的人越来越多。后来，多川博公司生产的尿布还出口他国，在世界各地都畅销开来。

在众人的影响下，人们一般很难坚持自己的原则，做出理智的判断。因为在他人的眼中，如果自己不选择和他们一致的行为，那么就是异类。于是，在“跟着大家走，准没错”的诱惑下，自己也表现出了多数人的行为方式。这种现象在心理学上被称为“从众效应”。

“从众效应”是指人们经常会受到多数人的影响，跟从大众的思想或行为，也被称为“羊群效应”。人们会追随大多数人所接受的观念和行为方式，自己并不会思考事件的意义。心理学家的研究早就表明，在人们成为群体中的一员，接受群体的心理后，他们的感情、思想和行为会变得与他们单独一人时很不相同。法国著名心理学家勒庞对此有过发人深省的论述，他认为：“从成为群体的一员开始，博学之士便和白痴一起失去了观察能力。”在群体中，人们变得易冲动、易变和急躁，易受暗示和轻信，自我控制水平极低。心理学家的实验表明，从众心理是大部分个体普遍具有的心理现象，只有很少的人能保持独立性、坚持自己的主见。

哈佛大学的社会心理学家所罗门·本曾做了一系列有关从众效应的研究，其实验结果可以令所有读到它的人都沮丧不已。

1951 年，所罗门·本从大学中招来一批志愿者，参加一个关于视觉感知的心理实验。在实验的房间里，被试者坐在 7 个人一排的第六个位置。已经坐在其他位置的 6 个人实际上是所罗门·本的助手，是来当托儿的。实验中，被试者按照座位顺序一个接一个地回答问题。按照这样的设计安排，当真被试者每次回答问题时，前面已经有 5 个人做出了选项。

实验的形式也非常简单。研究员给被试者两张纸，一张纸上印着一条标准线段，另外一张纸上印着三条长短不一的线段。被试者只需要从这三条线段中选择一条与标准线段一样长短的线段。问题的答案设计得非常明显，只要是智商正常、在清醒状态下的人，都不会选错。

可能我们会觉得这是非常简单的任务。的确，要是一个人单独进行，很容易就能选出正确的线段，而且选择后基本不会再更改自己的选项。可如果是前面几个人选择完后，自己再进行选择，事情就会发生非常明显的变化。

假如我们是这个实验中那名真被试者，当前面的 5 个人都选择了同一个正确答案的时候，我们自然也会选择正确答案。但如果第一个人回答错误，第二人站起来盯着卡片看了很久后，最后还是选择了错误的答案，第三人也选择同意前面两个人的答案，此时我们会怎么想？还会坚持自己的选择吗？

自己一定会感到非常惊讶，张大嘴巴，开始有点紧张，怀疑自己的视力，反问自己："这是怎么回事，是我眼睛有问题，还是他们眼睛有问题呢？"如果第四个人、第五个人也选择了与前三个人一样的答案，轮到自己回答时，会怎么选择？

现在摆在自己面前的是一个关于什么是正确性的两难问题：是相信同伴们的选择是正确的，还是相信自己眼睛看到的是正确的呢？

事实上，参加实验的很多被试者都经历了这样的矛盾冲突。在没有干扰的情况下，被试者单独回答时，正确率是99%，而当前面几个人给出了一致性的错误答案时，只有25%的人坚持自己的观点——也就是正确的观点。绝大部分人，75%的被试者，在其他人给出了一致性的错误答案后，至少有一次会否认自己的答案，选择从众行为，也就是选择了实验助手们的错误答案。甚至有5%的人，从头到尾都跟着一错到底。

为了进一步确定群体的人数与个体的从众行为的关系，所罗门·本又进一步改进了实验，他将一名被试者与多名实验者助手组成被试者小组进行测验。当只有一个被试者和一个助手一组时，无论助手选择什么答案，被试者都会坚持自己的选择。当助手增加到两个人时，被试者的错误率上升到了13.6%；当有三个助手参加实验时，被试者的错误率达到了31.8%。继续增加助手的数量，被试者的错误率没有发生明显的改变。

实验结论是，凑热闹和随波逐流是人性的弱点。试想一下，这个实验设置的问题答案如果没有那么明显的话，那么被试者的错误率会上升到多少呢？就像去外面吃饭，也许并不知道饭菜的味道怎么样，只是因为前面排队的人很多，很多人就会固执地认为味道一定很不错。如果原本想去的地方吃饭的人寥寥无几，就很容易经受诱惑，放弃自己原来的想法。从这个实验中，所罗门·本得出以下结论：一个人在一种真实的或臆想的群体压力环境下，通常会选择以多数人的行为准则为标准，进而在行为上表现出努力与之趋向一致的现象。

人们在做很多事情的时候，总喜欢跟随大众走，也就是俗话说的“随大流”。从众效应总是很神奇，只要成为群体的一员，无论意志力多么强大的人，都会受到群体的影响，难以抵挡群体的诱惑。

曼德拉夫曾经说：“盲目跟风和随大流有时对你的伤害是致命的，没有理性，没有方向。”这就是说，我们需要理性对待盲从。当自己的意见与群体的意见不一致时，我们需要清醒冷静地对待，擦亮自己的眼睛，用更加客观和全面的视野去分析当下的环境。当大家蜂拥而上的时候，请停下脚步思量一下后果；当大家都头脑发热的时候，请先停下来思考一下，然后再决定是否跟着大家一起行动。

“权威”消弱对诱惑的抵抗力

哈佛大学研究发现，有些人在一般情况下都能经得住诱惑，但是，只要权威人士对其施加压力，他们就会轻易改变原来的坚持，常呈现意志力薄弱、跟着“权威”走的态势。心理学称这种现象为权威效应，又叫权威暗示效应，是指一个人要是地位高，有威信，受人敬重，那他所说的话及所做的事就容易引起别人重视，并相信他的正确性。

“权威效应”使对诱惑的抵抗力变弱。首先，因为当人们有了“安全心理”，即人们总认为权威人物往往是正确的楷模，服从他们会使自己具备安全感，增加不会出错的“保险系数”；其次是由于人们有“赞许心理”，即人们总认为权威人物的要求往往和社会规范相一致，按照权威人物的要求去做，会得到各方面的赞许和奖励。所以，在面对诱惑的时候，他们不能自控。

哈佛大学有一个心理学教师找到一个学习化学的班级做一个“权威效应”的心理实验，他请该班的教师向学生引见说：“这位教授是国际上知名的化学家，最近他研究出一种新的化学品，由于我与他很熟悉，今天专程请这位教授向同学们展示一下这项新的研究成果”。于是，“国际上知名的化学家”拿出一个瓶子，里面装着透明的液体，然后告诉同学们，他正在研究一种化学药品的感知效应，现在他展示的化学药品是一种新药，其味道可以在空中迅速传播，而只有对化学药品有敏锐感知的人才能通过空气中的传播感受到。然后，“国际上知名的化学家”打开瓶子，同学们屏息着呼吸，用心体验“只有对化学药品有敏锐感知的人”才能得到的感受。接着，大家开始说出自己的感觉，有的说，这是一种与过去所有的化学药品味道完全不同的东西；有的说，教授打开瓶子后，立即就会感受到一种由前至后扑鼻而来的清香，“味道好极了”，等等。全班没有一位同学表示不同看法。待大家讨论得差不多了，“国际上知名的化学家”告诉同学们，他不是什么化学家，而是本校的一位普通的心理学教师，瓶子里装的不过是刚刚从学校自来水管里接的自来水而已。接着，他表示他的心理学实验圆满完成，“谢谢大家的真诚合作！”。

这样的实验结果是令人惊讶的，为何明明无任何气味的自来水，学生们却可以闻出味道来呢？这是因为人们对权威的信任和遵从，使其对“权威”的化学家没有表示任何怀疑。

人们对权威的深信不疑和无条件地遵从，会使权威形成一种强大的影响力，利用这种权威效应则可以在很大程度上影响和改变人们的意志力，从而改变人们的行为。

在现实生活中，“权威效应”的应用很是广泛，如许多商家在做广告时，往往高薪聘请知名人物做形象代言人，或者以有影响的机构认证来突出自己的产品，以达到引诱消费者购买其产品的目的。

迈克是某医疗器械厂的销售人员。有一次，他去拜访一个客户，那名客户是一个心思极为缜密的人，对诱惑有很强的抵制力。所以迈克在向客户做商品介绍的时候，讲解的特别详细。在回答客户的咨询时也回答得比较有条理，同时还把客户的意见用小本子记录下来。

但在交谈过程中，迈克发现客户对自己的产品质量还是有很大的疑虑。于是，迈克又给客户提供了一份产品的市场调查报告，使他了解自己产品的真实销售情况。对于这一点，迈克很是自信，因为本公司的产品销量确实很好，在市场上也有一定的名气，对客户也很有说服力。此外，为了让客户深信不疑，迈克还把产品的认证证书及很多权威专家的推荐拿给了客户，使对方终于消除了疑虑，很放心地购买了他的产品。毕竟有那么多权威的推荐和认可，自己也没有什么不放心的了。

在购物时，很多人会告诫自己："不买，不买，一定不买！"但在权威效应的影响下，生活中的很多人还是经不住诱惑，喜欢购买各种名牌产品，因为它们有明星的代言，有权威机构的认证，有社会的广泛认同，这样就可以给自己带来很大的安全感。在一定程度上，权威代表着社会的认同，代表着绝大多数人的意见。这样，在其强大的影响力下，人们会变得很顺从，而降低了对诱惑的抵抗力。因此，我们在抵御诱惑的过程中一定要避免权威的引导力，这对提高自己抵抗诱惑的意志力有很大的促进作用。

环境诱惑力降低我们的意志力

如果说人们在群体的压力下会产生盲从的行为而降低意志力，那么，在人们的生活中还有一个难以被人觉察到的诱惑因素，那就是环境。环境在无形中引诱着人们的思想、行为、情绪等。环境和欲望一样，在无形地影响着我们，支配着我们去采取某种行动。在环境氛围的影响下，人们很难抵抗外界的诱惑，常常会做出一些自己之前没有预料到的行为。

在纽约，每逢节假日，各大商场的促销活动消息都会铺天盖地席卷而来。超低的折扣、返现活动、抽奖活动，一个个都极具诱惑力。无论一个人是否具有很强的克制力，在这样的环境下，都会无法抵抗诱惑。

想象一下，自己想要买一件棉袄，走进一家商场。商场内部到处张贴着“满300返320”。这样算下来，比直接打5折还要便宜。于是，为了凑上300元，除了买下当初想要买的棉袄之外，还会买很多其他的东西。等出了商场之后，自己才发现，原来自己的克制力不知道什么时候已经完全消失了。

外界环境对人的诱惑和影响是非常大的。20世纪70年代，心理学家亚历山大等人在提出的“情境同一性原理”中指出：每个社会情境或人际背景，都有一种合适的行为模式，这种行为模式表达了一种特别适合于该情境的同一性。该理论解释了为什么人们在某些特殊的环境中会难以抵抗诱惑，而做出一些与自己的意志不相符的事情。

万圣节期间，美国的孩子们有到邻居家挨门挨户讨要糖果、水果的习惯，大家还会相互戏弄，就连一些平时很文静的人也会玩得很疯狂。

为什么在节日的时候，孩子们会如此疯狂？很长一段时间里，人们并没有将这当成一个问题。后来，哈佛大学的心理学家解开了这个谜团，找到了能够引发人们节日情绪的重要因素。

参加实验的志愿者共有30名。哈佛大学的心理学家将这30人分别安置在不同类型的“圣诞场景”组合的房间内，并请他们根据所感受到的圣诞气氛对场景组合打分（满分是10分）。

最后心理学家得到了一组数据：烛光、圣饼和桂花酒的组合（7.3分）；烛光、圣饼和橙子的组合（6.2分）；烛光、古典音乐和圣诞树的组合（2.95分）。

之后，心理学家们在各房间内放置相同数量的圣饼。第一个房间内点着蜡烛、飘着桂花酒香、放着圣歌。

第二个房间内也点着蜡烛，但是散发出的是圣诞树的气味，放的是古典音乐。10分钟后，心理学家得到如下结果：

第一个房间内的被试者吃掉了20个圣饼，第二个房间内的被试者仅吃掉了13个。

主持此实验的布拉梅尔教授表示：“我们将最好的与最差的情景组合进行比较后发现，在最佳圣诞气氛条件下，被试者所吃圣饼的数量明显要比在较差的圣诞气氛条件下多。显而易见，处于第一个房间中的被试者感觉到的圣诞气氛更强烈。”

心理学家表示，最佳的味、景、声组合最容易让人们感觉到节日气氛。如果将这一最佳组合的各要素分开，就会很难让人们感受到圣诞的氛围。

心理学家想要进一步弄清楚环境氛围是如何影响人的行为和情绪活动的，他们又设计了如下实验。

万圣节之夜，当孩子们来到实验者的住地“讨要”糖果时，实验者带这些孩子来到一个装有糖果的盘子前面。实验者和这些孩子说，每个人可以拿一块糖。不过，对于其中一部分孩子，实验者让他们各自单独去取糖；对于另外一些孩子，则让他们一块儿去取糖。在孩子们取糖时，一个躲在隐蔽处的观察者记录下每一个孩子所取的糖果数量。

在孩子们取糖之前，实验者还会以不同的方式激起他们的情绪。实验者将孩子分成了三组，让第一组孩子玩游戏，在游戏中，孩子们跳上跳下，拍手，围着圆圈加速跑；而第二组孩子，当他们进到房间向主人要糖时，孩子们会听到一种古怪的、鬼一般的声音；对第三组，实验人员没有给他们任何刺激。

实验结果表明，在单个人、又没有情绪激活的情况下，孩子们几乎都遵守了实验者的要求，每个人都只拿了一块糖；在单个人、有情绪激活的情况下，孩子们平均多拿了 0.25 ~ 0.28 块糖；在集体、无情绪激活或轻度情绪激活的情况下，孩子们平均多拿了 0.1 块糖；在集体、高度情绪激活的情况下，孩子们平均多拿了 1.5 块糖，远远高出独自一个人拿取时的数量。

这一实验说明，情绪激活与群体氛围都可能导致本能地不抑制，在热烈环境氛围中，大家不太会顾及社会要求和道德规范的影响。尤其是群体成员都这么做的情况下，单个人很容易被其他成员的行为所影响。

从上面的实验中，我们可以得出以下结论：特定的氛围和情景会降低人的自制力，从而表现出与环境相符合的行为和情绪。另外，环境、群体和情绪氛围都会对人的行为产生影响。

外在的环境氛围往往变化无常，若让自己的行为和思想受其左右则是非常愚蠢的。虽然每个人都明白这一道理，但人总是容易在不知不觉间被外在氛围的洪流所淹没。那么，应该如何避免环境氛围的影响呢？

按照他人的要求行事可能会让事情变得简单、稳妥一些。但这样很容易受到外界环境的支配，迷失了自己，不知道自己想要的是什么。只有具备了坚定的自我信念，我们才不会被环境所左右，才不会淹没在环境的潮流中。

海伦·凯勒有这样一句非常形象而又生动的话：“当一个人感觉到高飞的冲动时，他将再也不会满足于在地上爬。”正是有了远大的理想和这样一种信念，她接受了生命的挑战，创造了生命的奇迹。

一定的环境和氛围，会吸引一个人做出某些与环境相一致的行为。当这些行对自己产生负面影响，而自己又不能控制这个环境时，那么离开这个环境是远离诱惑的最直接和最简单的办法。在一种大势所趋的环境氛围下，人很容易失去自我判断，降低意志力。所以我们绝对不能忽略环境的影响力，要想法设法摆脱它的负面影响。

第七辑

优化行为方式，将软弱意志拒之门外

意志的强弱是需要存在空间的，很多时候，是我们自己给软弱意志预留了空间。比如拖延、不良习惯等。意志软弱是内心的反应，但主要是体现在做事方式上，只要我们改变自己的行为方式，就能将软弱意志拒之门外。

意志力降低，坏行为就会增多

哈佛大学心理学家认为，当意志力耗竭时，人们更加难以控制自己的习惯及其对行为的影响。具体表现就是，行为上的坏习惯更容易出现。

吸烟的人可能有过这种体验，当工作任务很多，需要加班加点才能完成时，自己的吸烟量也会随之上升。尤其是熬夜工作时，吸烟量可能会是平时的两倍甚至更多。

很多人都认为，加班时吸烟增多是为了提神、保持大脑清醒。但是持有上文所述观点的心理学家认为，这是因为人们在控制自己坚持工作的过程中消耗了大量意志力，导致意志力出现耗竭状态。

大家都知道，进入到考试阶段的学生宿舍经常是一片混乱。有心理学家在研究自我控制时，专门对这种现象进行了实验调查。

澳大利亚心理学家肯·程在研究自我控制时，受到了哈佛大学萝卜和巧克力实验的启发，对一些学生在同一学期的不同时间段的自制力进行了调查研究。

在这个调查研究中，肯·程在一个学期的不同阶段，对同一批学生被试者的自制力水平进行了测量。除此之外还对这些学生的其他方面展开了调查。比如，学生们的饮食情况、卫生情况、身体锻炼情况等。

学期结束后，肯·程的调查也随之结束。肯·程对调查所得数据进行统计分析，结果显示：在整个学期即将结束的时候，学生们在自制力水平测验中得到的成绩最差。而其他方面的调查结果显示：这个时候学生们生活中的各种好习惯都消失而坏习惯却出现了。

抽烟的人在期末时抽得更多了；学生们咖啡因的摄入量也变得更

多，几乎翻倍；在饮食上，他们也不再注意食物对健康的影响，选择的大多是方便的饮食方式，所以他们的垃圾食品消耗量相对于平时增加了50%，对于饮酒量，学生们并没有因为聚会机会的减少而减少。除此之外，在学期即将结束时，学生们的个人卫生状况也变得更糟糕。具体表现就是：他们不再勤快地刷牙；头发、衣服、袜子等脏了也不洗；胡子长了也不刮。

其他的行为表现也显示，学生们某些行为的积极性会降低。比如，给别人打电话、洗脏盘子、拖地板等行为的积极性降低；以前坚持锻炼的学生，在这个时候也有很多会停止锻炼。

肯·程对调研结果进行了分析。他认为，调查中显示出的这种现象是因为学生们在期末时需要在复习和考试上消耗大量的意志力，而学生本人也刻意控制自己将意志力消耗在这方面。这就导致学生们的意志力被大量消耗，呈现耗竭状态，从而使他们在其他方面的控制力降低，出现各种坏习惯。

根据上述研究，研究者得出：个体在某件事情上消耗大量意志力时，会导致个体在其他方面的控制力降低。意志力处于耗竭状态时，个体的坏习惯更加容易出现。

上述实验结果验证了心理学家的观点，证明意志力耗竭会导致坏习惯的出现。由此，我们可以获得启示，在自我控制过程中，应该适当地休息，让意志力资源处于良好的状态。

意志力被消耗后，是可以恢复和补充的。但是，假如正在进行的自我控制任务强度很大，意志力的消耗速度很快，且消耗过程中意志力没有得到及时补充，那么意志力就会陷入耗竭状态。

当意志力耗竭时，人们的自控力下降，在言行上倾向于遵循潜意识的想法，以快乐为原则，随心所欲。这不但导致人们情绪和言行极易失控，还导致人们的坏习惯相继出现。

因此，想要获得更好的自控效果，就要学会合理地分配自我控制和休息的时间。在自控过程中，适当地放松自己，不要让自我控制超过意志力的限度，以免长时间处于意志力耗竭状态。

远离导致自己拖延的因素

无论是在工作中还是在生活中，一定有些事是我们“最不想做”的，而不想做的理由可能是这些事很困难、很有挑战性，我们根本不认同这些事，或这些事对我们来说微不足道。所以在追求快乐与逃避痛苦的人性驱使下，我们常常会选择逃避或拖延来降低压力。

但事实上，拖延是我们获得成功的无形杀手，也是我们成功之路上最严重的坏习惯之一。既然知道拖延有这么多弊端，为什么还有近 90%的人存在不同程度的拖延呢？导致拖延的原因究竟是什么？我们到底该如何远离导致拖延的那些因素？

哈佛大学的心理学家研究后认为：“从心理层面分析，人对工作能力的不自信是导致拖延行为的一个重要原因。”一些在工作上曾遭遇过重大失败、不够自信的人，通常容易产生逃避心理，认为自己能力不够，不能很好地完成任务，于是越拖越久。而且，他们还常常以疲劳、状态不好、时间充足等借口来拖延工作进度。心理学家通过研究认为，这部分人其实内心很在意别人怎样看待自己，完不成任务时，他们更希望别人觉得是因为时间不够、不够努力造成的，而不是因为能力不足。

此外，一些内心不够积极上进的人也容易养成懒散、拖延的习惯。他们常常觉得什么事都很难做，因此喜欢找各种理由推脱，比如，别人不做，为什么我要做？即使心不甘、情不愿地做了，也不愿意立刻开始，而是拖拖拉拉，今天拖到明天，明天拖到后天。这样的人，也是因为意志力差而加入了拖延症大军，最终导致一事无成。

还有一些人，对自己的能力过分自信，他们坚信自己到期限时一定能完成任务，因此在做事时也通常不慌不忙、慢条斯理，结果到最后才发现，事情远不是自己想象的那样简单，于是才手忙脚乱地进行，最终发现自己实在是自作聪明。

鲍勃是一家外贸公司的老板。一次，他要到日本出差，且要在一个国际性的商务会议上发表演说。为此，他让员工甲负责草拟演讲稿，让员工乙负责拟订一份与日本公司的谈判方案。在出国的那天早晨，各部门主管都来给老板送行，有人问甲："你负责的文件打好了吗？"甲睁着惺忪的睡眼说道："我的那个不算难事。昨天太累了，晚上我熬不住就睡了。反正我负责的文件是日文撰写的，老板看不懂日文，在飞机上不可能检查一遍。等他上飞机后，我回公司把文件打印好，再以电讯传去就行了。"

谁知转眼间，鲍勃驾到，第一件事就问甲："你负责准备的那份文件和数据呢？"甲把他的想法告诉了老板。鲍勃闻言，脸色大变："怎么能这样？我原本打算利用坐飞机的时间与同行的外籍顾问研究一下自己的报告和数据，现在这样只能白白浪费坐飞机的时间了！"甲的脸色一片惨白。

到日本后，鲍勃与一位要员讨论了乙提交给他的谈判方案，整个方案既全面又有针对性，既包括了对方的背景调查，又包括了谈判中可能发生的问题和策略。乙的这个方案大大超过了鲍勃和众人的期望，后来的谈判也很顺利。

鲍勃回国后不久，便提升了乙，而甲则被降职了。

由此可见，任何一种原因导致的拖延，都可能会给工作、生活带来负面的影响。如果做事总是拖拖拉拉，久而久之就会变成习惯性拖延，做什么事都喜欢往后拖，喜欢找借口。这样的习惯不但会使人变得越来越懒惰，时间长了还会使人的意志力变得越来越差，整个人也会变得反应迟钝、思维僵化，这必然会破坏一个人的思考力、创造力和竞争力，挫败人的上进心。

有人问一位法国的政治家：“您是凭借什么使自己在政坛上获得巨大成功，同时还能承担多项社会职务的呢？”政治家答道：“我从来不把今天能做的事情拖到明天，仅此而已。”

由此可以看出，凡事立即行动，决不拖延，既是锻炼意志力的基本方法，也是一个成功者必备的作风。

既然找到了导致拖延的因素，那么我们该如何远离这恼人的拖延呢？

学会将工作目标融入自己的人生设计轨道中。比如，如果希望自己今年在哪些方面有所突破，那就遵循这一目标，一步一个脚印地前进。同时，还要时刻监督自己对目标的完成情况，将一些自己无法把控的大目标主动分解成一个个可以把控的小目标，并从个人思想方面做相应的调整，从而获取完成目标的动力。

巴金森在其所著的《巴金森法则》中，写下了这样一句话：“你有多少时间完成工作，工作就会自动变成需要那么多时间。”如果你有一整天的时间可以从事某项工作，你就会花一天的时间来完成它；而如果你只有一个小时的时间来完成这项工作，你就会更加迅速有效地在一小时内完成它。所以，给自己建立一个时间有限的观念，严格规定目标完成的期限，可以帮助自己远离拖延，提高意志力。

我们几乎做每一项工作时，都会经历一个需要高度集中精力的阶段。比如，对一些复杂的数据进行分析，写一份重要的报告，准备一场报告会，等等。不管我们要做的是什么，都需要静下心来，不受干扰地将事情完成。然而，我们可能很难有几小时不被人打扰的时间。如果有拖延的习惯，意志力又比较差，那么在这些干扰源的影响下，我们完成一项工作的难度可想而知。

千万不要将事情拖到最后才做

哈佛大学对学生做过一项生活调查发现：学生从书市买来一大堆书，想要提高自己，但结果这些书却只起到了填充书架的作用；学生从体育用品店买来一副昂贵的羽毛球拍，想要锻炼身体，结果这两支球拍却只起到了装饰墙壁的作用；学生给自己设计了一个完成任务的计划，准备监督自己提前或者按时完成任务，结果还是拖到最后一天才匆忙完成。

很多人都有过与以上情形类似的经历，对计划的事情、需要完成或者想要完成的事情，总是一拖再拖，缺乏连续、均衡完成任务的意志力。

哈佛大学对50名中学生假期作业的完成情况做了一个调查，并画出一张假期时间和假期作业完成量的函数图。从图上可以看出，整个假期前面3/4的时间，假期作业完成量几乎都为零，到了最后1/4的时间，假期作业完成量才逐渐缓慢上升，直至假期的最后两天，假期作业完成量急速上升并到达顶点。

由此可以很明显地看出拖延对任务完成的影响。而生活中，在时间充裕的情况下，很多人不管工作量多少，假如缺乏监督，让他们长时间地坚持工作往往很难。人们总是将事情不断地往后拖，直到最后不得不完成。这种拖延习惯的影响就是，导致一个人最后几天的工作量特别大，而且使任务完成质量降低。对此，有心理学家做了一项实验进行研究。下面我们就来看看这个实验，从实验的角度来探索一下拖延会产生什么样的负面影响。

2002年，哈佛大学的克劳斯教授做了一项实验。实验以大学生为被试者，克劳斯教授将被试者分成了A班、B班和C班。

克劳斯教授要求学生们在3周内完成3篇论文，并告诉他们，假如他们过期不交，则视作0分。除此之外，克劳斯教授对A班的同学说，他们可以在3周的最后一天上交这3篇论文；对B班的同学说，他们需要自己预先安排好每篇论文的上交时间，把这个时间报告给他，并按照这个时间表上交每篇论文；对C班的同学说，他们在每个周末时，必须上交一篇论文。

论文都上交后，克劳斯教授对论文进行评分。并将三个班被试者的论文成绩进行比较。克劳斯教授通过比较发现，三个班中C班的论文最好，其次是B班，论文成绩最烂的是A班。

从上述实验中三个班的学生论文得分情况，克劳斯教授得出以下结论：拖延会影响任务完成的质量。一般情况下，到最后时累积的任务量越多，任务完成的质量也就会越差。

其实，从生活中拖延的表现可以看出，它对于工作任务计划的顺利实施以及任务的完成存在非常大的阻力。因此，想要控制自己、让自己按照计划安排完成任务，非常有可能会让自己与拖延心理对抗。只有在战胜拖延的情况下，才有可能有毅力按照计划较好地完成任务。

将这种现象和上述实验结果相结合，我们可以得到以下启示：不要将事情拖到最后才做。将任务拖到最后才做，会影响任务的完成质量。且拖得越严重，任务的完成质量就越差。

怎样才能降低或者避免拖延对于任务完成质量的影响呢？我们可以从实验中借鉴一些方法。

实验中的被试者同样是在3周之内完成3篇论文，但是因为上交的时间不一样，所以最后上交的论文质量也不一样。由此，我们也可以通过分段完成工作任务来提高任务完成的质量，降低拖延的负面影响。

除此之外，我们还可以利用一个小技巧“骗”一下自己，让自己提前完成任务。比如，本来任务完成时间是一周，但是可以“骗”自己任务完成时间只有 4 天，并在 4 天之内抓紧时间将任务完成。然后，在剩下的 3 天时间里，对所完成的工作任务进行适当的修正。

每当按时且较好地完成工作任务时，可以给自己一些小小的奖励。这样可以强化自己按时完成工作任务的行为，从而培养按时完成任务的习惯。

想象拖延恶果，节制拖延行为

每当寒暑假结束，新学期开学的第一天，哈佛大学的老师总是会发现这样一个问题：同学们都在埋头写作业，不过，他们所写的是本来应该在寒暑假里就完成的作业。显然，大家都将作业拖延到最后一天来完成了。

拖延，就是迷信“明天”和“等一会儿”，在无止境的自我安慰中度过一个又一个今天。殊不知，时间在不停息地奔走，当我们把今天应该完成的事拖到明天去做时，这个“明天”就足以将我们送入坟墓。

一个深夜，一个垂危的病人迎来了他生命中的最后一分钟，死神如期来到他的身边。但是，他却请求死神说：“请再给我一分钟，可以吗？”

死神奇怪地问道：“你要这一分钟干什么呢？”

病人说：“我想利用这一分钟的时间看一看天，看一看地；我想利用这一分钟的时间想一想我的朋友和家人。如果运气好，我还能看到一朵绽放的花朵。”

然而死神却说：“你的想法不错，但我不能答应你。我曾经留给你足够的时间，让你去做这些事，但你都没有珍惜。现在，我给你看一下你的时间账单。在 60 年的生命中，你有超过 1/3 的时间在睡觉；剩下的时间里，你做事经常拖延；你曾经感叹时间过得太快的次数达到1万多次；上学时，你拖延完成作业；成年后，你抽烟、酗酒、打牌，虚度光阴……

“从青年到老年，你做事拖延的时间共花去了36500个小时，合1521天；做事有头无尾，令事情不断重复，共浪费了300多天；由于无所事事，你经常坐着发呆；你经常抱怨、责怪别人，做事找借口，推卸责任；你常常利用工作时间与同事聊天，将工作丢在一旁；你参加了无数次无用的会议，并常常在会议期间昏睡，这让你的睡眠时间远远超过了20年……”

死神的话还没说完，垂危病人便断了气。死神叹了口气，说道：“如果你活着时能不这样拖延时间的话，你就能听完我给你整理的账单了。真可惜，世人总是这样，都等不到我动手，就自己后悔死了。”

心理学家告诉我们，每个人的生命都是有限的，当拖延成为一种习惯时，死神就会在不知不觉中来临了，我们可以给自己时间，但生命不会给我们时间。拖延往往会生出许多悲惨的结局。

美国独立战争时期，英国的拉尔上校正在玩纸牌，忽然有人递来一份报告，说华盛顿的军队已到了德拉瓦尔。但他只是将来件匆匆塞入衣袋中，等到牌局结束才展开那份报告阅读。然而等他调集部下出发应战时，已经太迟了，最终全军覆没，拉尔自己也因此战死。仅仅是几分钟的延迟，就使他丧失了尊荣、自由与生命！

在普通人的身上，拖延也会带来许多恶果。比如，拖延可能会令我们丧失很多好的工作和学习机会；经常拖延的人，对自己往往缺乏信心，不愿意、不敢面对现实，结果导致很多失败；面对压力、挫折时，拖延者往往会产生更多的消极情绪，让自己处于烦躁、焦虑和恐惧当中，难以自拔；拖延还可能令我们的人际关系受损，如本来答应别人的事没按时做到，本来该我们负的责任没有负等，都会影响我们的人际交往……

由此可见，各种习惯中最为有害的莫过于拖延，世间有许多人是被这种习惯所害。想象一下拖延可能给我们带来的恶劣后果，我们难道还有理由不增强自我控制能力、节制自己的拖延行为吗？

事实上，拖延就是一种缺乏意志力的外在表现，也是吞噬我们的时间和生命、让我们的时间和生命白白浪费的可怕敌人。所以，要想成功地掌控自己的时间和生命，就应将盗走我们的潜力、机会与自由的“拖延”当成最可怕的对手，并勇敢地战胜它。

如果现在有正在拖延的任务或工作，不妨将其当成新的一天中的第一个任务去完成，从而迈出战胜拖延的第一步。早上醒来后，或者刚刚着手第一项工作时，强行要求自己马上做必须首先要做的事情。如果有必要，所有的电话都不要接听，也不接待他人的拜访，直到完成这个项目或任务为止。完成任务后，适当给予自己奖励，以鼓励自己战胜拖延所迈出的第一步。

如果实在不能马上改掉拖延的毛病，那么，为什么不试着利用这个坏习惯为自己服务呢？利用创建拖延任务列表的方法，便可以达到战胜拖延的目的。创建一个拖延任务列表，在这个列表里，罗列我们平常没有时间去做的事情，如学习园艺、看一本有意思的书、学唱一首歌等。这个列表里面的内容都是很有意义且不令人反感的小事。

当我们实在不想继续做一件事时，便打开拖延任务列表，从列表中挑出一件事来做。这样，既满足我们想要拖延的心理，又能做一些平时没时间去做的事。做完拖延任务列表中的事后，再整理思路，返回来继续完成之前没有做完的事情。

在工作或完成某项任务时，要时刻提醒自己拖延带来的后果。不要一有时间就坐在沙发上看电视，也不要因为觉得这件事不重要就半途而废，要知道，自己要做的不仅仅是完成手中的这项工作，更重要的是改正自己拖延的坏习惯，提高自己的意志力，这个目标远比完成一项工作本身更重要、更有意义。

“决不拖延，立即行动！”这句话是惊醒自己的自动启动器。任何时候，当自己感到拖延的恶习正悄悄靠近，或已缠上自己，使自己动弹不得时，就需要用这句话来提醒自己。

为自己要做的事设定一个期限

有没有意志力完成一件事，很多时候是对自己要求的结果。比如为自己设定一个期限，从某种程度上就会强化完成事情的意志力。缺乏意志，做事就会出现拖延现象。

“拖延”二字，本身就包含着难以达成目标的意思。拖延会给我们的生活带来严重的干扰，以致我们几乎无法完成所设定的目标。即使我们最终完成了目标，其间也经历了很多痛苦的挣扎。

经常拖延的人，很难确定奋斗目标，因为他们经常忙着设定目标，但所设定的目标又总是模棱两可，或者缺乏时间期限。比如，“今天我得做完一些事”或“我准备在几个月的时间里完成这项工作”。如果以这样的方式设定目标，不仅目标含糊不清，完成的时间也没有限制，反而更容易引发拖延的问题。

19 世纪浪漫主义时期的伟大诗人之一柯勒律治，本来可以取得辉煌的成就，但本该属于他的荣誉却被授予了与他同时代的威廉·华兹华斯。

柯勒律治的悲剧性缺陷就是拖延，甚至是一种病入膏肓的拖延。他会延迟作品的写作以及承诺的履行，有时长达几十年之久。他的诗篇中最著名、至今仍在英国文学课堂上被广泛学习研究的篇章，都显露出了拖延的痕迹。《忽必烈汗》、《克里斯特贝尔》等，最终都以残篇（即未完成的作品）的形式发表，而发表时距他动笔已经有 20 年时间了。虽然《老水手行》是完整的，但也推迟了 5 年才付印。

拖延也给柯勒律治带来了很坏的影响。作家莫莉·雷菲布勒在《鸦片的束缚》一书中这样描述："他的存在变成了一长串连绵不绝的拖延、借口、谎言、人情债、堕落和失败的不快经历……"

同时，财务问题充斥着柯勒律治的生活，尽管大多数项目计划周密，但却很少启动或完成。他的健康状况也一塌糊涂，鸦片成瘾又加剧了健康的恶化，而他整整拖延了10年才去接受治疗。日益逼近的截稿期限所带来的压力，也消解了工作本身的乐趣。他说："一想到我必须加快步伐，写作时最惬意的时光就会戛然而止。"因此，他也失去了仅有的几个朋友，他的婚姻也因拖延而告吹。

本该是一位能够获得巨大成功的伟大诗人，却因拖延而失去了许多成功的机会，甚至还因此失去了财富、健康与幸福。可见，要想不让自己步柯勒律治的后尘，我们必须要有意志力战胜拖延。

做事缺乏意志力而拖延，说白了就是搁着今天的事情不做，而留待明天去做，在这种拖延中所耗费的时间、精力足以将那件事做好。整理以前积累下来的事情，可能会使人感到非常不愉快。很多人都会有这样的心理，本来当初一下子就能轻松愉快地做好的事，拖延几天、几周之后，就显得惹人讨厌与困难了。所以，拖延不仅完不成事情，而且还会给自己带来负面情绪。既然如此，为什么不当时就完成呢？哈佛大学罗伯特教授为应对拖延提出了一些自己的设想：对那些喜欢拖延的人来说，给自己设定一个完成任务的最后期限，并且要求自己严格遵守，不可超过这个期限。坚持下去，就会发现自己正在渐渐远离拖延这个坏毛病，自控力也一步步地不断提升。那么，怎样才能做到在期限内完成任务呢？罗伯特教授提出以下建议。

1. 计划好自己完成任务的时间

准备完成一项工作或任务时，提前给自己设定一个截止日期，规定最晚在什么时间完成。否则，我们可能要花费比实际需要多几倍的时间才能完成，不仅不利于工作或任务的顺利进展，还会加重拖延现象，不利于意志力的培养与提升。

计划好自己的时间，要将工作或任务之外的事情都考虑进去，如休闲、运动或陪家人的时间等，不要将这些因素作为借口进行拖延。

如果没有空闲时间，不妨随身携带一个未完成任务的列表。如果有空闲时间，可以做一些有计划的休闲活动，或进行一些思考。

不要在没完成任务时进行毫无计划的放松，尤其是在给接下来的工作确定了截止日期的情况下。如果不好好控制时间，就可能打破截止日期，浪费时间。

2．设定专注时间，让工作更高效

当我们在工作中出现拖延迹象时，不妨给自己设定一个专注时间，并开始倒计时。这样，我们的心理上就会产生紧迫感，从而促使我们更加集中注意力去完成任务。

这种方法很有效，也更易于操作，是一种化整为零的思想。

设定 20 分钟为一个工作的专注时间段。在这 20 分钟内，必须专注于眼前的工作，不受任何干扰，直到 20 分钟的闹铃响起。

休息 5 分钟，可以做做深呼吸，或到户外活动一下，让自己的身心适当放松，然后再设定下一个 20 分钟的专注时间段。

如果 20 分钟还是让自己感到无法承受，那么可以先设定较短的时间段，如 10 分钟、5 分钟，甚至 1 分钟的期限。如果在这个期限内能专注工作了，就试着适当增加专注时间段的长度。

当我们在工作时间段内被干扰或无法继续下去时，可以看一下工作时间段的剩余时间，然后暗示自己再坚持几分钟就结束了，从而锻炼自控能力，不让自己拖延。

3．尝试“创造性拖延”

所谓“创造性拖延”，就是在完成工作的期限之内，重新调整需要优先处理的短期工作（或步骤）。比如将自己喜欢的那部分工作（或步骤）提前完成，而将自己不喜欢的那部分推后完成，这样也能够实现总体的工作目标，并且还能避免精力的耗费。

需要注意的是，我们优先处理的短期工作必须与我们的总体工作目标有关，不能是其他的无关工作。

决不拖延，现在就开始行动

根据哈佛大学的心理学家统计，每个人每天大约会产生5万个想法。如果一个人拥有积极的态度，那么就能乐观、富有创造力地将这5万个想法转换成正面的能源和动力；相反，如果态度消极，就会显得悲观、软弱，缺乏行动力，同时也会将这5万个想法变成负面的阻碍和阻力。

拖延是消极心态最明显的表现。可能有人会说，在适当的时候，拖延一下也是有好处的。例如，在疲倦、沮丧或愤怒时，中断工作比勉强继续的效果更好，这样反而能更好地控制自己的情绪。事实上，拒绝拖延并没有对合理的等待提出异议，许多优秀的人也不会因此而为自己的拖延寻找借口，不会因此逃避真正需要马上行动的工作。

2004年4月5日，《商业周刊》评出的50家表现最佳的公司中，埃克森美孚公司名列第23位，并在《财富》杂志评出的全球500强中排名第二。2003年，该公司利润为215亿美元，比2002年增长91%。

在这家公司管理者的办公室中，几乎都悬挂着一个数字电子白板，上面写着这样一段话："决不拖延！如果我拖延下去，我将会怎么样？如果将工作拖到以后再去做，那将会发生什么？"

"决不拖延"是这家公司员工重要的行为准则之一。公司的负责人对此解释说："不拖延，我们就可以轻松愉快地生活和娱乐。而避免拖延的惟一方法，就是随时开始行动。没有人会为我们承担拖延的损失，拖延的后果只有我们自己承担。如此一来，我们就可能在一个庞大的公司里，创造出每一个员工都不拖延半秒钟时间的奇迹。"

事实上，在生活和工作当中，每个人都会或多或少地存在拖延的习惯。虽然我们经常因为拖延时间而懊悔不已，但下一次又会惯性地拖延下去。久而久之，我们甚至会认为这是人的一种不可改变的本性。

然而，看似是人的本性的拖延，其实是我们在工作和生活中养成的一种有碍于我们的意志力发挥作用的恶习。要知道，设立好的目标、有好的想法固然重要，但比它更重要的是行动。有了想法、有了计划而不去执行，就会令计划成为一场空，这对于我们自身的潜力发展也有不良的影响。有想法和计划并努力实施，才能增进我们的执行能力。想法不算什么，付诸行动才可贵。没有行动，再美的空中花园也只能是虚幻的。因此，要想顺利地完成工作或自己所设立的各项目标，就要要求自己做一个“行动主义”者，凡事拒绝拖拉。

每一天我们都有当天该做的事，今天的事是新鲜的，与昨天的事不同，而明天自有明天的事。因此，我们应尽力做到及时行动，不要拖延。每个人的一生中都有许多美好的事情，远大的理想、切实的计划，如果我们能抓住一切憧憬，实现一切理想，执行每一项计划，那么，我们就能显示出超强的意志力。相反，如果我们总是有憧憬而不能抓住，有理想而不能实现，有计划而不去行动，那就只能坐视这些憧憬、理想、计划一一幻灭和消逝，我们的意志力就会显露薄弱的一面。

那么，怎样才能拥有“今日事今日毕”的意志力呢？哈佛大学的罗曼教授认为，当我们感觉某项工作并不重要时，做起来就容易拖拉。经常这样做事，久而久之，我们的意志力就会越来越差，甚至连重要的事情都可能要拖延了。因此，在行动之前，最好先确定这项工作是否非做不可。只有下定决心，才能有动力马上行动。

决定工作后，确定一个完成工作任务的期限，给自己加压，并实行公开承诺，让身边的人都知道自己所设定的期限，让他们监督自己如期完成。

有些工作的确需要做，自己也能完成，但由于某些客观原因，无法顺利完成，这时就把工作委托给一个更适合的人。

确定某项工作，并非意味着一定能成功，这时我们还需要通过一个重要的因素来实现，那就是对这项工作持续的热情，以及全心投入、坚持不懈的行动。工作的成功来自我们思想的吸引。如果我们能带着高度集中、不断持续的思想投入工作当中，我们就能战胜拖延，获得成功。

另外，经常对自己完成任务的情况进行反思，可以总结出更多的经验和教训，同时也能不断地修正今后的工作，并且非常清楚地看到自己行动的每一步。反思应该是个持续不间断的过程，而不是偶尔为之。只有这样，才能很好地把握自己的行动，不让拖延的恶习重新回到我们身上。

别让意志力陷入“道德许可”的陷阱

我们都知道，习惯代表了我们生活中的很大一部分，而养成习惯也是维持我们的生活不可或缺的。但是，“习惯”这个词通常代表了一种固定的行为倾向，无论是表面的生活，还是各种心理活动，很多时候都是有害的、愚蠢的。

哈佛大学通过研究得出，习惯的形成过程中，最重要的因素就是不断重复，直到自己的行为表现不再需要意志的控制，而在意志的关注和愿望的支配下不断克服负面情绪，是改掉负面习惯的惟一途径。如果一个人从内心深处认为自己应该戒掉某些坏习惯，并且也会不断付出努力，那么不但这些坏习惯可以戒除，人的意志力还会得到增强。

但事实是，要克服这些坏习惯并不是一件容易的事，尤其是那些看起来似乎不会触及道德底线的坏习惯，更难戒除。每当想要戒除这些坏习惯时，人就会暗暗说服自己：我想要的东西并没有那么坏。我们迫切地要给诱惑我们的对象加上道德标准，以便我们在放纵自己时没有负罪感。

哈佛大学的教授威斯利曾经追踪调查100位家庭主妇，发现当这100位家庭主妇到超市购物时，通常喜欢看哪些东西在打折。看到某件商品在打折，就想买回来，不论当时这件商品对她们是否有用。即使当时用不上，她们的心里也会想：反正以后也是要用的。于是，这些主妇们从货架上拿下大量的打折商品，卫生纸、洗衣液、牙膏……此时，买什么不是最重要的，重要的是它们都是打折商品。买完结账后，她们关注的也是每张收据结尾处写的“你节省了xx美元”，却忽略了自己总共花了多少美元。

其实，这就是一种很不好的习惯，但我们对此却毫无负罪感，也不会产生内疚心理。因为在放纵自己时，我们认为自己是在“省钱”，而不是“花钱”。这种“道德许可”的陷阱，实际也让我们的意志力受到了很大的挑战，并最终屈服。

从中也可以看出，要改掉坏习惯、提升意志力，我们面临的最大问题就是缺乏自控力。所以在提升意志力和自控力的过程中，我们不应该将所有的意志力挑战都放在道德标准的框架中，也不要轻易认为，自己所做的事得到道德上的许可就是正确的。如果我们总是只用“正确”或“错误”来判断所做的事，而不是牢记我们真正想要的东西，行为与实际目标就会出现抵触，结果也会令我们真正追求的目标越来越远。

事实上，所有的坏习惯都是可以改变的，只要我们真的渴望改变。

马克·吐温的医生曾责备他吸烟和喝咖啡没有节制，并且每天晚上他还要喝茶、喝烈酒，吃一些难以消化的食物。对此，马克·吐温宣称：“我不能少吃少喝，因为我缺乏意志力。我可以彻底戒掉它们，但是就是不能减少。”

马克·吐温这句话说出了我们大多数人的实际情况，如果要根治坏习惯，只有彻底消除一些嗜好。习惯的养成在前，根除在后，如果屡次戒除又屡次重犯，其实是毫无意义的。在一定的时间和环境中，这些可能不会触及道德底线的嗜好还是会冒出来。

由此可见，要想真正做到控制自己的意志和行为，就必须下定决心，彻底根除那些“道德许可”陷阱内的坏习惯，不要让它长久地潜伏在我们身上。它们会不时地冒出来影响我们的意志力，妨碍我们的行为。

一位心理学家说：“意志坚强的人是那些无畏直面自己弱点的人。”所以，当懈怠的念头出现时，要承认它的存在，而不是马上调动激烈的感情与其决战。坚决挺过这个时刻，要克服的困难就会自动退却。

在改变坏习惯的时候，要弄清哪些行为是与自己的目标有关的，哪些是不该做的，进而控制自己不好的想法和欲望。比如，改正排队时大声喧哗的习惯，减肥时控制自己吃脂肪含量高的食物，等等。对这些行为先弄清孰是孰非，才能控制自己不做错事。

当要做出与意志力有关的决定时，不要想着“明天我再好好表现”，从而允许自己今天的放纵，这不仅不利于我们改掉缺点，反而还会养成拖拉的习惯。

一个明确的目标可以引导我们的思维和行动，让我们拥有控制自己的力量，明确建立并适时重复我们真正的目标，就能不断产生自我控制的力量，纠正自己的思维和行为，合理地实现自我控制。

我们要时刻提醒自己，目前付出的所有努力，都是为了实现目标，所以尽量不要做与目标无关的事情。目标不是制订完就万事大吉了，还要时刻牢记，不要让自己努力的方向偏离真正的目标。不要将取得的一点儿进步或成就当成自己放纵的借口。面临诱惑时，更应该努力战胜放纵自我的念头。

无论什么时候，在什么地方，都要想办法强化我们的意志力。久而久之，我们的一些坏习惯就会在持久、强大的意志力面前举手投降。主动的意志力能够让我们克服惰性，将注意力集中在我们的目标上。所以，遇到阻力时，想象一下自己克服它之后的快乐，这样，也会从某种程度加强自己的意志力。

行为决定习惯，习惯同样影响行为

一只雌狗爱上了它的男主人，非常想嫁给他。但是，狗是没有办法和人结婚的，于是这只狗找到爱神维纳斯，求她帮忙。爱神很同情它，把它变成了一个美女，并让男主人对其一见钟情。

新婚之夜时，爱神想测验这个外形是人的狗，是否变成了真正的人。于是爱神甩出一根骨头，这个美女看到后立即本能地扑上去。爱神见美女的内心还是只狗，于是就把它又变回了狗。

这个故事说明，个体习惯对其行为存在很大的影响。很多时候，人们的习惯会使自己不假思索地自动进行或者完成某些行为。每天打开家门时，可能会习惯性地将钥匙放在某个地方。第二天去上班时，又会习惯性地去那个地方拿钥匙。个体的行为习惯有好有坏，行为习惯所产生的影响也有好有坏。比如，一个人在行为习惯的影响下，可以不用过多地注意和思考就能完成某些事情，从而有更多的时间去考虑别的事情，这是行为习惯的积极影响。而很多人都会在习惯的影响下，每天上班打开电脑后，先浏览微博信息，不知不觉地浪费很多时间，这是行为习惯产生的消极影响。因为习惯会影响行为，所以控制行为习惯及其对行为的影响也是行为控制研究的主要内容。

心理学家发现，很多时候，个体的行为会不由自主地受其习惯控制。他们通过研究发现，大脑中负责习惯行为编码的神经通路位于大脑深处的基底核。但是也有研究表明，习惯的养成需要大脑下边缘皮质的参与。

那么怎样才能控制自己的行为习惯及其影响呢？研究者们想知道，破坏个体大脑中的这两个部分，是否能够损坏个体的行为习惯？对此，哈佛大学和美国麻省理工学院的神经科学家们以白鼠为实验对象进行了研究。

实验一共分三个阶段。第一阶段的实验目的是：让白鼠养成往某个方向转的习惯。

实验者先让白鼠从T型迷宫的一个口进去。当白鼠到达岔路时，实验者用一定的声音提示它们向左转。假如白鼠按照提示声音选择了正确方向（向左转），就会得到奖励——巧克力牛奶；而假如白鼠走错了方向（向右转），就不能得到奖励，只能得到糖水。

如此连续多次之后，实验者停止给白鼠奖励，结果实验者发现，白鼠依然能够正确地按照声音提示向左转，并走出迷宫。这说明白鼠已形成了碰到岔路口就向左转的习惯。为进一步证明这一点，实验者向奖励白鼠的巧克力牛奶中加入了会导致白鼠产生轻微恶心的药物。结果，白鼠还是会正确地按照声音提示向左转，并走出迷宫。不过，白鼠在向左转后，不再饮用实验者放置的巧克力牛奶。这足够证明，白鼠已养成向左转的习惯。

接下来，实验进入第二阶段。实验者继续让白鼠走T型迷宫，但是在白鼠到达迷宫岔路口的前几秒时，实验者利用光基因技术（利用光照抑制个体特定细胞活动的技术）抑制白鼠脑部下边缘皮质的细胞活动。

结果实验者发现，白鼠几乎立刻就忘记了遇到岔路口向左转的习惯，不再按照声音提示向左转。

实验者采用其他方法继续干扰白鼠走迷宫，使白鼠向左转的习惯被打破，且很快地形成了遇到岔路口向右转的新习惯。就算提示声音是向左转的，白鼠的选择仍是向右。

白鼠形成向右转的新习惯后，实验进入第三阶段。在这个阶段中，实验者再次在白鼠到达迷宫岔路口的前几秒，利用光基因技术抑制白鼠下边缘皮质的细胞活动。结果，实验者惊奇地发现，白鼠立刻恢复了按照声音提示向左转的旧习惯。

通过实验所得结果，实验者得出：习惯对行为所产生的影响，与大脑下边缘皮质有关；个体养成的旧习惯并不会被遗忘，大脑只是用新习惯取而代之。

心理学家们认为，在上述实验研究中所得的结果，显示了大脑下边缘皮质对个体的行为习惯有选择作用。但是这个实验还不能确定，对习惯的选择有作用的是下边缘皮质中的哪些神经元细胞。为进一步了解“大脑选择行为习惯”的真相，心理学家们正在进行更深一层的研究。

个体行为习惯的养成以及行为习惯对行为的影响，存在一定的生理基础，比如上述实验中的大脑下边缘皮质区域。我们可以把行为习惯的养成过程看做一次性光盘的刻录过程。养成的行为习惯就像是刻录在光盘上的歌曲一样，只要刻录上去，就无法擦除，不会消失。而我们只能在不同的行为习惯上进行选择，就像是选择歌曲一样。因此，我们在培养行为习惯的过程中，一定要谨慎。鉴于行为习惯不会被遗忘的特点，我们最好不要让自己养成不良的行为习惯，而应该有意识地让自己养成良好的行为习惯。比如，刚开始上班的人，应该注意不要养成打开电脑先将微博信息浏览一遍的习惯，这很耽误时间；可以培养自己早睡早起的行为习惯，这样可以让人拥有良好的精神状态。

我们说了，最好不要养成坏习惯，但是有些坏习惯却已经存在。面对已经存在的坏习惯，我们应该怎样控制它们对行为的负面影响？

从上述实验中可以知道，大脑下边缘皮质可以选择行为习惯。因此，我们可以为通过下边缘皮质提供新的、积极的选项，来降低旧的、消极的行为习惯所产生的负面影响。

我们可以借鉴上述实验中的方法，来让自己养成新的、积极的行为习惯。首先，需要确定目标，确定将要养成的行为习惯。然后，开始养成习惯。一开始时，需要对目标行为进行一定的奖励，从而让自己坚持该目标行为。比如，当自己准时起床时，奖励自己一顿美味的早餐。

当自己认为行为习惯已经养成时，就将奖励慢慢地撤掉。比如，当自己已经能够准时起床时，可以将美味的早餐换回普通早餐。就这样，新的行为习惯被养成。而我们的行为选项多了一个，我们的行为不会再只受以前的旧习惯控制。

我们通常会通过意志力来抵制某些坏习惯。比如，很多人在早上起床时，都会努力地通过意志力来克服自己的赖床习惯。但是，通过意志力抵抗坏习惯是一个辛苦的过程。对喜欢赖床的人来说，早起就是一件非常痛苦的事。

哈佛大学的心理学家提出，可以通过加大行为执行的难度来控制行为习惯。比如，在晚上睡觉前少吃点饭，适当多喝点水，到了第二天早上，就会觉得肚子很饿，很想上厕所。这让自己难以继续赖床，只能选择起床上厕所、找饭吃。这样，赖床行为就会成功得到控制。因此，当我们的意志力不够时，我们可以通过调控行为执行的难易程度来控制自己的行为习惯。

把遵守纪律培养成一种习惯

人内心的意志力不是凭空而来的，而是在遵守纪律的前提下实现的。如果一个人不遵守纪律，那么他的意志力就不会有保障。哈佛大学里有一句名言："一名合格的哈佛毕业生必须被打上纪律的烙印，只有这样，才能在今后无论多么残酷的条件下都能完成任务。"

在哈佛大学，一个人可以学习成绩不好，但如果不能遵守纪律，那就只能选择离开。哈佛大学从学生进入校园开始就十分强调纪律的重要性。

关于纪律，哈佛大学博士威廉·拉德说："我经常告诫学生，你必须做个聪明人，动作迅速，精神饱满，自觉遵守纪律，这样才不至于在走进社会后而忧心忡忡。你不该在思虑后才去行动，而是应该尽可能地先行动再思考。只有纪律才能使你所有的努力不至于白费。没有纪律就没有事业，你会碌碌无为地活着。有了纪律，你才真正能建立属于自己的事业。"

在第二次世界大战中，美军在突尼斯卡塞林山口同德军的战役中惨败，第二军军长弗雷登道尔被就地撤职，巴顿临危受命，被要求将第二军训练成为一支战斗力强大的部队。

巴顿是1943年3月6日正式接管第二军的，而战役的总指挥亚历山大将军把军事进攻的日期定在3月17日。也就是说，巴顿只有11天的时间进行战斗准备。当务之急是使萎靡不振的军队恢复士气，提高战斗力。任务是十分艰巨的。根据长期的治军经验，巴顿认为一支纪律松懈、军容不整的军队是不会获胜的。所以，巴顿决心从整顿军纪入手，采取“不民主和非美国的方式”，将这群“乌合之众”好好地收拾一番。

巴顿首先从严格作息时间抓起，并以身作则。到任后的第二天早上7点钟，巴顿按作息规定准时到食堂就餐，结果发现只有他的参谋长加菲来了，他当即命令厨师马上开饭，一小时后停火，并发布命令：“从明天起，全体人员准时吃饭，半小时之内完毕。”巴顿抓住了吃早饭这一环节，杜绝了军人迟到的现象。

随后，巴顿发布了强制性的着装令：凡在战区，每个军人都必须戴钢盔、系领带、打绑腿，后勤人员也不例外。这项命令还适用于战区的医务人员和兵器修理工。对于违反此项命令的人规定了罚款数额：军官50美元，士兵30美元。巴顿半开玩笑地说：“当你要动一个人腰包的时候，他的反应最快。”

但是仍有些人对纪律视而不见、充耳不闻。了解这一情况后，巴顿亲自带着人四处巡视，把不服从纪律的军人强制集中起来，进行了非常野蛮的训斥：“各位听着——我不会容忍任何一个不执行命令的兔崽子！现在给你们一个选择的机会，要么罚款25美元，要么送交军事法庭并记入档案，你们自己看着办吧！”这些士兵只好认罚。

尽管巴顿的这些做法招致许多人的反感和咒骂，但他这种雷厉风行的作风震动了第二军，部队官兵一扫过去那种松松垮垮的作风，士气大振。

另外，巴顿继续以特有的方式激励部队。他跑遍了四个师的每个营，督促军官，鞭策士兵，顺便还要检查军容风纪的执行情况。他的检查极为彻底，甚至连厕所也不放过，因为上厕所的人最容易忘戴钢盔。他鼓励官兵们要有攻击精神，像狮子一样残酷无情地打击敌人，号召他们“为人类进步事业而冲杀，但不是为之死亡”。虽然官兵们对巴顿这种做法一时还难以理解，但他的高压整治确实给士兵们留下了深刻的印象，并使他们发生了很大的改变，

最后，巴顿出色地完成了任务，把自己的战斗精神输入到了这支部队。虽然有人恨他，但是官兵都很尊重他，并开始效仿他。部队有了铁一样的纪律和秩序，士兵们恢复了自信和勇气。巴顿欣喜地看到，在短短的几天内，第二军的面貌焕然一新，将士们装备精良，士气高涨，军纪严明，这群“乌合之众”被锤炼成了无坚不摧的优秀团队。

战斗再度打响后，德军发起强大的攻势，但遭到第二军的顽强抵抗，他们表现得十分英勇。最后，德军无功而返。这是美军在北非战场取得的又一个胜利，足以证明第二军已经不是十几天前的那群“乌合之众”了，事后，巴顿自豪地说：“硝烟一散，我们看到没有一个美国士兵后退一步。”

什么是纪律？纪律就是依照规章认真执行，毫不含糊；就是指挥官让你一小时完成任务，你就不能拖到一小时零一分；就是当你站岗值勤时，蚊虫叮咬面颊，也不去拍打；就是像英勇的战士一样为了不暴露目标，纵然火烧全身仍然一动不动！拥有良好的纪律，也就拥有了超强的意志力。

有了严明的纪律，才有执行力。一个行为散漫、工作拖拉、没有纪律观念的人，不会彻底地履行承诺，不会自动自发地完成任务。纪律反映在每个细节中。对于哈佛大学的学生而言，就是准点上下课，按学校要求着装，按时按量完成老师交给的任务，不违反学校的每一项规定。

第八辑

科学调整自己，让身体等等自己的意志力

意志力是有限的，会在行为控制的过程中被逐渐消耗殆尽。那么，接下来的超强意志力从哪里来？拥有意志力不仅需要心理调节，更要调节好自己的身体。身体内的意志是有限的，但也是可以不断再生的，所以，要想保持良好的意志力，就应该让身体等等自己的意志力。

意志力是先天遗传，还是后天习得

在幼儿园里，孩子们有一大半的课程是用来玩耍的，尤其是幼儿园小班的学生。而且针对他们好动、不能长时间坚持的天性，每节课的时间都被安排得比较短。幼儿园小班学生一节课大约是 15 分钟，中班的课时是 20 分钟，而大班学生的课时则是 30 分钟。当幼儿园的孩子们升入小学后，他们每节课的时间将变为 40 分钟或者 45 分钟。

为什么学校要做这样的安排呢？很简单，因为孩子小的时候，意志力较弱，能够坚持听课的时间很短。而随着他们年龄的增长，他们的意志力也随之增强，能够坚持更长的时间学习同一个内容。

可见，意志力是随着年龄的增长而逐渐加强的。正因为如此，很多心理学家都在思考一个问题：意志力究竟是天生的，还是个体后天锻炼习得？它是否会随着个体成长经验的积累而逐渐变强？

1448 年，美国数学家诺伯特·维纳出版《控制论》一书。随着该控制理论的广泛应用，自我监控理论也开始发展起来。1972 年，心理学家斯奈德提出自我监控的概念，并在 1974 年进一步发展了这个概念，用它来解释意志力呈现的个体差异。

如今，关于意志力的研究已经非常多，但是在半个多世纪的研究中，心理学家对于意志力的定义一直没有统一，并且从不同的角度对其进行了不同的解释。不过，心理学家更倾向于把意志力定义为一种人格特质，是人们对自我表现的一种调控能力。所以，意志力又被理解为自我控制、自我管理、自我调整等。

自我监控的概念提出后，斯奈德对自我监控进行了一系列研究，其中就包括遗传与环境对意志力的影响。

1986 ~ 1987 年间，斯奈德以同卵双生子（同一个受精卵的双胞胎）和异卵双生子（两个受精卵的双胞胎）为被试者，对遗传和环境对意志力的影响进行了相应的研究。

实验者猜想，假如自我监控能力具有遗传性，则同卵双生子之间自我监控能力的差异必然比异卵双生子之间的差异小。因为，相对于异卵双生子，同卵双生子之间的遗传基因更为相似。同卵双生子的遗传基因在未发生突变的情况下是相同的，而基因突变的可能性是非常小的，可以忽略不计。

实验者使用斯奈德自制的自我监控量表对被试者的意志力进行了测量。然后又对测量所得的数据进行了统计分析。

结果，实验者发现，异卵双生子意志力的差异确实比同卵双生子大。所以，实验者认为，意志力具有一定的遗传性。

从实验中实验者得出结论：意志力具有一定的遗传性。在这个实验中，实验者更多地是将意志力当成一种能力，我们可以将它理解为自我控制能力。

在斯奈德之后，很多心理学家展开了针对意志力问题的研究。一些心理学家通过调查研究发现，个体的意志力有一个随着年龄增长的发展过程。而哈佛大学的研究证明了神经系统的发育会直接影响人的意志力的形成。总之，这些研究都证明，先天生物学因素对意志力具有很大的影响。

从上面的实验结果中可以看出，个体的意志力具有遗传性。但这并没有否定后天环境对意志力的影响。所以，我们不仅要关注自己天生的意志力，还要注意意志力的后天锻炼与培养。

后天的锻炼也会影响神经发育，比如，从小就接触、学习音乐的人，辨别声音的神经就极有可能比一般人要发达。所以，虽然受到遗传的影响，个体在意志力上存在差异，但是我们不能忽视后天环境对意志力的影响，应该在生活中对意志力加以锻炼。

这个实验对父母教育孩子也有很好的启示。因为先天遗传的影响，不同孩子的意志力不一样。所以家长在培养孩子的意志力时，需要适当地根据孩子的意志力水平区别对待。

用什么补充我们枯竭的意志力

意志力是有限的，且与我们的生活和工作高度相关，生活和工作中都会有很多需要消耗意志力进行自我控制的时候。这时，我们又有了一个新的疑问，那就是面对这么多的需求，我们的意志力资源是否够用？如果意志力在自我控制过程中已消耗完，我们应该怎么办？

比如，你在上午时刚刚完成了一项对意志力要求非常高的工作，比如查找两本电话号码簿中的不同项及错误项。本来以为下午的工作会相对轻松一些，但是上司却让你去接待一位难缠的客户。然而此时，你的意志力已被上午的工作消耗完，所以在面时这位客户时，你很容易情绪失控。也就是说，你正面临着意志力供不应求的困境。

在生活和工作中，人们遭遇这种困境的频率其实很高。那么，要怎样才能跳出这种困境呢？很简单，既然意志力供不应求，但是又不能减少消耗，那就只能提高供给量。为此，人们开始思考“意志力应该怎样补充”的问题，并展开了一系列研究。

哈佛大学在研究自我控制的意志力时，很多研究者发现自制力是一种会被消耗的有限资源，就跟人的肌肉力量一样。于是心理学家开始大胆猜测，既然自制力与肌肉力量同样可以被消耗，那么自制力是否可以像肌肉力量一样被补充呢？

哈佛大学的奥特教授等人在研究自制力的时候发现：人体血液中的葡萄糖对个体的自制力有着很大的影响。自我控制的行为，即意志力的使用会导致人体血液中的葡萄糖含量减少。这一点很好地解释了意志力的有限性。

近年来，心理学家对此进行了多项研究，奥特教授的研究结果表明：

自制力与葡萄糖有着直接的联系。

在实验之前，奥特教授先将志愿参加实验的被试者分成两组，让其中一组喝下加了葡萄糖的水，而另一组被试者则喝下加了代糖的水。代糖是在食品制作中，商家用来代替糖的一种东西。代糖有甜味但是热量很小，甚至没有热量。即代糖不能像葡萄糖那样给人们提供能量。

喝完水后，两组被试者被安排看一个无声的短片，短片的内容是对一位女士的采访。实验要求被试者通过观看短片，理解短片中女士的肢体语言，并在短片结束的时候报告给奥特教授。

除此之外，奥特教授还要求被试者在观看短片的时候，尽量忽略屏幕上闪过的一串单词。被试者还被奥特教授告知：假如他们观看短片时，发现自己的注意力被这些单词给吸引过去，就要克制自己，将注意力重新拉回到短片中的那位女士身上。

奥特教授认为，这种“控制自己不将注意力放在单词上”的思维行为，可以引起意志力的损耗。但是，想要正确解释短片中女士的肢体语言，被试者又必须控制自己的注意力才行。因此，假如葡萄糖是意志力的能量来源，能够补充个体被消耗的意志力，提高个体对自己的控制能力，那么喝了含有葡萄糖的水的被试者应该能够更加准确地解释短片中女士的肢体语言。

最后，奥特教授发现，喝了含有葡萄糖的水的那一组被试者对女士的肢体语言的解读准确率较高。而喝了含有代糖的水的那一组被试者则在解读肢体语言时出现了很多的错误。

因此，奥特教授认为葡萄糖可以使个体损耗的意志力得到补充，提高个体的自制力。

此类的研究还有很多，比如研究意志力的专家鲍梅斯特教授，就曾通过大量的实验证明了葡萄糖对意志力的重要作用。鲍梅斯特对个体实施自我控制前后的血液中的葡萄糖水平进行测量后发现，自我控制会使个体血液中的葡萄糖水平降低。

鲍梅斯特先让两组被试者完成一项需要自我控制的任务，使他们的意志力被消耗。然后再让两组被试者分别喝下含有葡萄糖和食品甜味剂（不含葡萄糖）的柠檬水。

15分钟后，鲍梅斯特再次让两组被试者完成一个需要意志力参与的任务。鲍梅斯特比较两组被试者完成第二个任务的情况发现，喝下含有葡萄糖的柠檬水的被试者在第二个任务中表现相当不错，而无糖组的表现则差得多。

所以，鲍梅斯特等研究者认为：葡萄糖是意志力的能量来源。

这些实验都向人们证明了葡萄糖是意志力的能量来源，但是也有研究者提出了不同的观点。他们的研究显示葡萄糖的代谢并不能够让人们提高或者恢复意志力。这两种相互矛盾的观点让更多的研究者展开了对自制力与葡萄糖之间的关系的深入研究。而最近的一项研究结果似乎可以说明这两者之间的关系。

这个实验是由美国佐治亚大学的研究人员设计并进行的，他们招募了51名学生作为被试者，进行了与前面两个实验相似的实验研究。

实验者先让被试者完成一个简单的实验任务，这个任务简单到让所有的人都觉得枯燥烦闷。这个任务就是：将《统计年鉴》里所有的字母“E”都圈出来。因为这项任务非常枯燥乏味，所以被试者花费了很大的意志力来控制自己去完成这项任务。

任务完成之后，实验者给了他们每人一杯水，让他们漱口。不过，被试者拿到的水是不一样的。一半的被试者拿到的是放了糖的柠檬水，另一半被试者拿到的是含有蔗糖素的柠檬水（蔗糖素是一种甜味剂，不能被人体代谢，即不能给人提供热量）。

漱口完毕后，实验者给被试者布置了另一项任务：斯特鲁普任务。被试者会从一个屏幕上看到许多表示颜色名称的单词，如red（红色）、green（绿色）等。但是这些单词字体本身的颜色和词义表达的颜色不同。如red

一词可能是用绿色、黄色或者蓝色等非红色来显示的。而被试者要做的就是在看到一个单词的时候，立刻说出屏幕上单词字体的颜色而非词义。即当蓝色字体的“red”出现时，被试者需要报告“蓝色（blue），而不是“红色（red）”。

通过比较两组被试者在斯特鲁普任务中的反应速度和正确率，实验者发现：用含糖的水漱口的被试者比用人工甜味素漱口的被试者表现得更好。

心理学家对以上实验的结果进行了分析，认为舌头上有“糖感应器”，能够识别出给人提供热量的葡萄糖。当葡萄糖经过舌头时，“糖感应器”被激活，向大脑中与自我控制相关的神经中枢发送信号，给身体以提醒。还有心理学家认为，葡萄糖可能还会刺激大脑里的奖励机制，让个体在“吃”到葡萄糖的时候，获得情感强化，从而在任务执行上表现得更好。由此，心理学家们得出：葡萄糖对个体的自制力有重要作用，能够提高个体的意志力；葡萄糖对意志力的作用不一定需要通过代谢来完成，也可以通过其他途径来让一个人的意志力得到补充和提高。

从上述三组实验的结果中，虽然无法知道葡萄糖是否是意志力的能量来源，但是却可以明确一个结论：葡萄糖能够在一个人意志力耗竭时补充他的意志力，让他更好地完成需要意志力控制自己的任务。而通过上面的实验结果，我们知道葡萄糖能够很好地补充意志力。也就是说，前文所提出的“葡萄糖在个体自我控制中占有重要地位”的观点是正确的。这提醒我们在需要控制自己的时候要对葡萄糖给予足够的重视。

通过三个实验的结果我们可以知道，意志力的使用会消耗个体血液中的葡萄糖，而在意志力消耗之后，一个人的意志力会降低。所以，我们不应该让自己过度疲劳，应该注意休息和营养物质的摄入。当葡萄糖得到补充之后，一个人的意志力会得到相应的提高。所以，我们还应该按时进餐，补充自己所需的营养物质，这样也是在补充自己的自控力。

人们在生活中需要意志力的时候非常多，所以，意志力不够用的状态经常会出现。因此，我们需要学会及时补充我们的意志力。

掌握恢复意志力的有效方法

意志力是自控力的核心，拥有足够意志力的人有更好的自控力。有些人天生拥有较强的意志力，但这样的人终究是少数，更多情况下，人们的意志力来自后天的储备。挫折可以锻炼一个人的意志力，但是长久的挫折或操劳会摧毁一个人的意志力。比如，员工长期加班工作，运动员不间断地进行长跑训练，学生不间断地紧张学习，以及过于消极的生活方式，都会不同程度地消耗人的意志力。在人的基本需求受到威胁时，意志力会消失殆尽。

哈佛大学的研究者发现，当一个人的意志力被外界消耗过多时，人就会轻易放弃，不愿做出选择，不再主动追求，变得消极，甚至情绪失控，无法控制自己的言语和行为。可见，人的意志力并不像钢铁那样坚不可摧，它是一种人体内部能量，像热量一样，可以被人创造，但也会因外界因素的变化而被消耗。

所以，一个长时间生活在压力中的人会患上抑郁症；一个数夜备战考试的考生会因承受压力过大、缺少休息而情绪失控；一群被要求昼夜加班的员工会突然罢工。但是生活在现实中，人要应对各种情况。要追求成功，意志力的损耗是在所难免的，增强意志力储备的关键不在于过度保护意志力不受任何损耗，而是察觉意志力的变化，善于调节和补充，使意志力尽快得到恢复。

曾任谷歌全球副总裁兼中国区总裁并一手成立创新工场的李开复是个典型的工作狂，最忙的时候曾一周每天平均工作 20 个小时。有时会因为工作原因连续坐 40 多个小时的飞机；有时为了演讲，要在几个城市的十几所大学之间奔波，以至于头发蓬乱，胡子来不及刮。而且无论工作多么忙，李开复每天都要处理超过 1000 封电子邮件。然而令人惊讶的是，面对这种连续、繁忙且损耗意志力的工作强度，李开复却一直给人一种彬彬有礼的印象。

李开复加入谷歌后，在听到自己一次次的离职传闻时，只是淡淡地表示："网上谣言的产生和传播，其拓展速度远远超出我的想象。"而在对李开复中伤最大的"逃税事件"中，李开复被质疑漏缴个人所得税。一时谣言四起，而李开复没有做出任何回应，也没有指责任何人，直到拿到"荣誉纳税人证书"，才做出了正式回应。这种强大的自控力非常人所能及。

在这样忙碌而劳累的工作中，在意志力不断损耗的情况下，李开复是如何保持良好的意志力的呢？李开复将自己的职业目标当成疲惫时保持良好精神状态的强心剂，他曾说："扩大自己的影响力，这不是一句空虚的口号，它给我们带来成就感。"这种积极的心态使他每天都能积极、高效率地投入工作。在工作中，李开复会利用在飞机上的时间小憩；因为工作前往世界各地时，也会品尝当地美食，抽空游览当地名胜，并通过发微博的方式吐露自己的心情，转发有趣的消息，放松自己。

在一次高校巡回演讲中，李开复曾提到关于长时间工作导致过度疲惫的问题，他说："有朋友问我，为什么你可以每天工作那么长时间，在没有休息的情况下，依然保持良好的工作状态和身体状态？这是个好问题，很多人虽然辛苦工作，可总是觉得自己没有成就感或者疲于奔命。如何长时间工作并且保持效率？"他给出的六条建议中有两条涉及意志力的恢复："第一，要给自己时间放松；第二，不要长时间做同一件事情，因为重复多了容易感觉枯燥和疲劳，效率就会变低。"

合理的身心调整使李开复始终保持充沛的精力和很高的工作效率，使他在繁忙的工作中保持足够的意志力。可见，良好的身心调整可以帮助人们修复意志力，从而提高意志力。那么，哪些方法可以调整身心，有助于养足精神，使意志力恢复储备呢？

1. 积极行动起来

哈佛大学的心理研究人员发现，锻炼可以增强人体免疫力，而且可以增强人的意志力，让人摆脱消极的状态。通过锻炼，人会变得振奋，同时，通过出汗和跳跃、击打等，人的负面情绪可以得到发泄。

任何离开椅子的活动都能让一个人重新振奋，使人的意志力得到恢复。周末，不要总是宅在家里上网，离开椅子和床，积极行动，让自己的精神振奋起来。

2．“睡”出意志力

当人的本能感受到睡眠不足的威胁时，就会做出保护反应，意志力会变得脆弱，人也会变得消极，无法集中精力，很容易被压力压垮，更易在诱惑面前屈服，情绪也会变差，凡事更容易放弃。补充睡眠可以让一个人的意志力恢复，使人不再感受到这种威胁。所以，无论工作多忙，都应该抽空补充睡眠。

3．保持健康的饮食

佛罗里达州立大学研究人员发现，与吃饱肚子的人相比，由于不吃饭而导致低血糖的人，在自控力测试中得分更低。可见，保持健康的饮食也能增强意志力储备。良好的饮食可以帮助人们补充能量，增强能量储备，有助于意志力的恢复。

4．学会放松，储备意志力

在迎接挑战的过程中，人往往需要保持较强的意志力、投入较多的精力，以控制自己的思想、行为、事态的发展。如果时间过长，人就会感到疲惫不堪，这是因为人的自控力过强，意志力就会不断消耗，使人产生了压力。这时通过放松的方式可以消除压力，并恢复意志力。

用休息恢复我们的意志力

不知道在你身上是否出现过这种情况：当需要处理的事情比较多，时间要求又比较紧急时，自己就会没有精力再去应对一些小问题，就会在某些方面放松对自己的要求。比如，我有一个朋友，体态偏胖，为了让身材变得完美，她戒掉了自己最喜欢吃的甜食，且每天只吃两餐。但是，在准备年终考试的一段时间里，她对自己的要求却低了下来。除了在三餐中不断地给自己补充营养之外，她也不再限制自己吃零食。结果，年终考试结束之后，她的体重增加了将近20斤。

其实这种现象很普遍。比如临考前，哈佛大学的学生宿舍里往往一片脏乱，学生们都不再注意卫生事宜；在处理一项工作时，那些吸烟者的吸烟量会大幅度上升。这是什么原因引起的呢？大多数人会这样回答：太忙了，没有多余的精力再去考虑这些小事情。从表面上来看，人们觉得自己的精力被其他事情给“耗光”了。而心理学家则认为，这种情况的出现可能不仅仅是因为个体体力的耗竭，还有可能是因为个体在坚持做一件事情的过程中耗光了意志力所导致的。

哈佛大学在研究自我控制的时候，心理学家发现自我控制的力量——意志力是有限的，并不是用之不尽的。它会随着使用而慢慢减少，当个体在一件事情上消耗了大量的意志力之后，在处理第二件需要意志力控制的任务时就会出现控制力下降的情况。因此，哈佛的心理学家认为，意志力可能跟肌肉的力量一样，是有限的，用久了人们会感到疲惫，意志力会降低。

为证实这种猜测，哈佛大学的心理学教授罗·司达伊斯进行了一项著名的意志力消耗实验。

在这个实验开始之前，所有被试者被要求禁食，也就是说，当被试者走进实验室的时候都是饿着肚子的。当被试者进入实验室后，实验者告诉他们，即将进行的实验是为了测试他们的智力，而被试者需要完成的任务则是解答实验者预先准备好的几何问题。

被试者为了让自己测出一个较高的智力水平，努力解答着这些几何题目，但事实上这些题都是无解的。罗·司达伊斯真正的目的并非是要测试他们的智力水平，而是测试他们在解题时能够坚持多长时间才放弃。

在整个实验中，被试者被随机分成了三组，分别进行了不同的实验处理。第一组被试者和第二组被试者在做题前，都被带进了一间放着刚烤好的巧克力饼干以及一些萝卜的房间。其中，第一组被试者进去的时候，实验者告诉他们可以随便吃房间里面的饼干。而第二组被试者进去的时候，实验者则告诉他们只可以吃房间里面的萝卜，不可以吃美味的巧克力饼干。也就是说，第二组的被试者很可怜，要用极大的意志力来抵制美味诱人的新出炉的巧克力饼干的诱惑。一段时间之后，第一组被试者和第二组被试者才被实验者带进解题的实验室。

第三组是控制组，被试者没有被带进那个放着饼干和萝卜的房间，而是被直接带进解题室去解答那些几何题。

最后，罗·司达伊斯对所有被试者坚持的时间进行了统计。第一组被试者，也就是可以吃饼干的被试者，他们平均坚持了 20 分钟；第二组被试者，即只能吃萝卜的被试者，他们平均坚持了 8 分钟；而第三组被试者，即控制组被试者，他们平均坚持了 20 分钟。

罗·司达伊斯认为，第二组被试者的平均坚持时间之所以最短，是因为他们在饥饿中抗拒美味的巧克力饼干时，耗费了大量的意志力。这导致其在解答几何题的时候，相对于其他两组被试者，只剩少量的意志力来坚持解题。所以，他们坚持的时间最短。

从罗·司达伊斯的实验可知，一个人的意志力是有限的，是可以被消耗的。关于这一点，估计很多人都有过体验，比如极度劳累时，脾气会变得难以控制。但是却很少有人能够意识到这种现象的出现，是自己在进行自我控制的过程中意志力被大量消耗的结果。

从实验中第二组被试者的反应来看，当一个人的意志力被消耗时，他的自我控制能力就会下降。这一点直接表现在人们的生活和工作中，比如变得无法坚持工作，容易因为一些小事发脾气。

每到周五时，上班族就极易在地铁上与人发生争执。因为，人们经过连续一周的工作，个体意志力被极大地耗损，自控能力很低。所以，到周五的时候，人们的意志力处于一种耗竭的状态，自我控制能力也大幅降低，难以控制自己的言行和情绪。而在挤地铁的时候，一旦遇到被他人碰撞，或者有人插队等事情，便特别容易发火，从而导致矛盾与争执的发生。所以，当经历了一些消耗意志力的事情之后，就应该提高警惕，避免自己的言行、观点及情绪脱离控制。控制不了情绪，跟恋人吵架；做出不正确的决策，买下一大堆自己不需要的东西等，这些都是我们不愿意看到的。所以，当发现自己的意志力被大量消耗后，不妨适当地调整一下自己。可以放松一下，做个深呼吸；也可以暂时放下手中的事情，通过一些自我暗示的手段让自己放松，恢复活力。

很多事情的处理都需要人的坚持，需要意志力的参与，比如做决策时，一个人需要意志力控制自己的思维不受情绪、主观片面看法的影响；与重要的人打交道时，需要意志力控制自己的表现，让对方看到一个完美的自己。

人的意志力一旦被损耗，对自己的控制将会变得很困难，有可能无法控制自己的坏情绪。所以，在安排自己的工作或者生活时，我们可以将一些重要的事情放在意志力比较充沛的时候做。这样有利于在做这些要事之时对自己加以完美的控制，取得更好的效果。比如，把重要的决定放在周一来考虑，把重要人物的接待安排放在自己意志力较好的时间里。假如，这些要事的时间安排不开，不得不在自己意志力耗竭的时候去做，那么也可以适当地预先安排一个休息放松的时间，让自己的意志力得以恢复，从而更加完美地将事情处理好。

挑战疲惫期，让意志力成倍提高

可能我们觉得有些不可思议，意志力也有疲惫期吗？的确如此，研究表明，意志力是一种有限的资源。当我们下意识地抑制自己的冲动，下意识地做出决定并抵制诱惑，对一切都全力以赴时，就会逐渐感到疲惫。这种疲惫，其实就是意志力的疲惫。如果意志力继续消耗，一旦耗尽，我们就无法再积蓄下一阶段所需要的意志力了。

幸运的是，意志力虽然会疲惫，但却是可恢复的。研究者认为，只要一个人愿意，就会有意志力。

一个名叫布朗丁的走钢丝的杂技演员，讲述了发生在他身上的一件事："有一天，我签订了一个协议，要在指定的一天表演沿着钢丝推一辆手推车。那是在我腰痛病发作的前几天签订的。我感觉自己开始腰痛后，就将医生请来，告诉他必须在那一天前把我的腰痛治好。否则，我不仅会失去我应挣得的钱，还会被罚一大笔钱。但是，我的病情并不见好转，表演前的最后一个晚上，医生强烈反对我第二天去走钢丝。第二天早晨，我的病情仍然没有好转，医生禁止我下床。我对他说：'如果你不能把我治好，我为什么要听从你的意见？'当我赶到现场时，医生也赶到了那里，仍然力劝我不要表演，说我的身体状况不适合参加表演。但我还是上场了，尽管直到走钢丝的前一分钟我的腰还很疼。我准备好了平衡杆和手推车，握住车的把手，推着车沿着钢丝前进。结果，这次表演与以往的任何一次表演一样，很顺利。我把手推车推到另一端后，又将它沿着钢丝推了回来。但当这一切结束时，我马上腰痛难忍了。是什么使我在犯腰痛病的情况下完成了走钢丝的表演？答案就是我的意志力。"

一个人拥有强大的意志力意味着：他通过意志力本身，通过自己的身体或通过其他的事物，能够利用巨大的内在能量来达到预定目的。就像爱默生所说的，意志力是"鼓舞士气、振奋人心的冲劲"。

很多时候，我们总是一感到疲劳就放弃目标。这是因为，当我们感到疲劳时，意志力也会薄弱，这会令我们放弃很多本来已经计划好的事情，比如，将本该马上完成的事情拖到第二天，或者选择叫外卖而不是做一顿健康的晚餐。可以肯定地说，生活中的种种需要的确会耗尽我们的意志力，我们也不可能要求一个人具有完美的自控力。

但是，如果我们能在意志力感到疲劳时不放弃，尝试挑战自己，努力再给自己一次激励，挺过第一次疲惫期，就会发现，意志力反而比之前增加得更多了，我们也对自己的目标有了更多追求的动力。

不过，要成功挑战意志力的疲惫期并不是一件容易的事，它要求人们能够在人生的转折点坚持下来。要做到这一点，我们需要运用下面的几种方法。

1. 挖掘“我想要”的力量

当发现自己的意志力开始疲惫甚至告急时，立即挖掘自己潜意识中“我想要”的力量，让自己恢复能量。问一问自己，如果这一次坚持下来，我将会收获什么？我是否会更健康、更幸福、更自由，或者更成功？鼓励自己。如果现在决心克服某个困难，那么一段时间后，这个困难就会变得容易，自己的生活也会获得很大的进步。当发现某一目标是自己最想实现的目标时，就用这个目标鼓励自己，因为它是在自己脆弱时给予自己动力的东西。每当自己面对诱惑、想要放弃时，就想一想这个东西。

2. 用冥想呼吸提升意志力

冥想呼吸不但能锻炼我们的大脑，还缓解我们的意志力疲惫现象，减轻我们的压力，指导我们的大脑处理内在的干扰（如冲动、担忧、欲望）和外在的诱惑（如声音、画面等）。研究表明，5 分钟的冥想呼吸有助于我们提升意志力。

坐在椅子上，双脚平放在地面上，或双腿盘坐在椅子上；背部挺直，双手放在膝盖上，保持安静。闭上眼睛，调整呼吸。吸气时，在脑海中默念“吸”，呼气时则在脑海中默念“呼”。当发现自己走神儿时，马上将自己的注意力拉回来，重新集中在呼吸上。几分钟后，可以不用再默念“呼”字和“吸”字了，尝试专注于呼吸本身，就会体会到空气从鼻子和嘴进入和呼出的感觉，体会到吸气时胸腹部的扩张和呼气时胸腹部的收缩。刚开始时，每天练习 5 分钟即可。习惯成自然后，再试着每天练习 10 ~ 15 分钟。如果觉得有负担，就减少到 5 分钟，不要将比较长时间的训练拖延到第二天。这样，就能每天有比较固定的时间进行冥想，从而舒缓意志力疲惫现象。

3. 用“绿色锻炼”增强意志力

所谓“绿色锻炼”指的是所有能让自己走进户外、走近大自然的活动。哈佛大学的科学家研究认为，5分钟的“绿色锻炼”就可以减缓压力，改善心情，提高注意力，增强自控力。而且，短时间的爆发可能比长时间的高强度锻炼更有效。一些低强度的锻炼，如散步，通常比高强度的训练更有效果。

意志力和体力具有一样的特点

从生活经验中可以发现，当学习或工作持续的时间过久时，人们的学习和工作效率就会降低。比如，当我们连续工作四五个小时，中间不休息的时候，工作效率就会降下来。有可能是工作速度变慢，也有可能是工作质量下降。而自己也会感觉非常疲惫，觉得浑身都在闹着要罢工。

大多数人都认为，这种现象是由于个体体力消耗过度所导致的。因此，人们为了更好地学习与工作，会努力地调节好自己的工作与休息时间。在自己的体力耗竭时及时休息，从而获得更好的工作状态。因此，人们常说：“会休息的人才会工作。”

意志力和体力一样具有可被消耗的特点。在自我控制过程中，意志力会逐渐被消耗。而日常生活中，有很多需要消耗意志力的地方，比如坚持工作、抵抗美食诱惑等。这就使意志力也会出现耗竭的状态。

既然人们在体力耗竭时需要通过休息来让自己恢复良好的工作状态，那么意志力被耗竭时，人们是否同样需要通过休息来调节自己的状态呢？不进行休息，是否会产生不良影响？很多心理学家在研究自我控制的过程中发现，当个体完成一些自我控制任务之后，个体的自控力就会降低。心理学家认为，这是因为个体在自我控制过程中，其意志力被大量消耗，出现了耗竭状态。但是，意志力耗竭导致个体的自控力下降的具体机制是怎样的呢？对此，心理学家进行了实验研究。

哈佛大学的迈克尔·因兹利奇博士及其学生珍妮弗·古特塞尔设计了一项实验，对个体的意志力耗竭状态进行了研究。

实验者先将被试者随机分成两组：实验组和控制组。然后，实验者为了在实验过程中观察被试者大脑内部的生物电波活动情况，给被试者戴上了一个布满电极和电线的“头盔”。已有研究证明，这种方法虽然不能帮助实验者精确地解读人的心理，但是可以帮助实验者了解大脑是如何处理各种问题的。

在这个实验中，实验者主要是监测被试者大脑皮层的前扣带皮层。科学家称人脑的这个部位是“冲突监控系统”或者“错误检测系统”，它对于自我控制有非常重要的作用。它的活动情况可以体现个体正在做的事情和想要做的事情是否存在差异。假如一个人走在一条熟悉的路上，本来应该在第二个路口转弯，但是他一边玩手机一边走路，低着头在第一个路口就转弯了，那么他大脑的这个区域就会发出警报，告诉他：“走错了。”这种警报可以通过“头盔”监测出来。当警报出现时，脑电图上会出现一个有明显特点的电波活动尖峰。

实验中，实验者让两组被试者观看一些纪录片片段。片段的内容是一些动物受伤将死的画面，会让观众感到难受。实验者要求实验组的被试者在观看过程中控制、隐藏自己的情绪。控制组被试者则不需要对自己的情绪进行隐藏。实验者的目的在于，使实验组的被试者的意志力被消耗掉，而控制组的被试者则处于一个正常水平。

看完纪录片后，实验者让两组被试者参加一个斯特鲁普任务，即实验者给被试者呈现一些代表色彩的字或者词，但是字词本身的色彩却与其含义不一样，比如字体是红色的“Green（绿色）”，要求被试者报告字体的颜色，而不是字词意思代表的颜色。

个体在进行这个任务的时候，大脑中先反映的是字词本身的含义。因此，即使个体想报告的是字体本身的颜色，却还是会不由自主地说出字词语义的颜色。因而，被试者必须对自己进行相应的控制，才能准确地说出所呈现字词的字体颜色。

结果，实验组的被试者在斯特鲁普任务中的表现比控制组差。他们需要更多的时间反应和辨别，而犯错误的几率也更高。被试者的脑电图显示，实验组的被试者在进行斯特鲁普任务时，他们大脑的前扣带皮层（即冲突监控系统）活动较少，发出的警报很少、信号很弱。这表明，他们在进行斯特鲁普任务时，大脑的冲突监控系统出现了怠工现象。

实验者对实验结果进行分析。他们认为，大脑冲突监控系统发出的警报，可以在行为失控时提醒个体控制自己的行为。根据实验组被试者在实验过程中的脑电图可以发现，他们的冲突监控系统处于怠工状态。因此，当他们的行为反应将要脱离自己本来的意愿（说出字体的颜色），想要说出字词含义代表的颜色时，冲突监控系统无法检测出这种冲突并向个体发出警报；或者被试者检测出这种冲突的时间变长。这些都导致他们在斯特鲁普任务中错误率变高，反应时间变长。

从上述实验中实验者得出：当意志力在自我控制过程中耗竭时，人们大脑中的冲突监控系统的工作状态会变差，自我监控力量减弱，从而导致自我控制效果变差。

上述实验所得结论告诉我们，在对自己的某个方面进行自我控制时，我们需要合理地调节自我控制的强度，并在自控过程中适当地进行休息。

大部分人都知道应该合理安排工作和休息的时间。人们的这种想法来源于他们的自身体验。因为他们发现长时间的持续工作或学习，会使自己感到疲惫，工作或学习的效率也会下降，而经过一定的休息后，自身状态会得到恢复，工作和学习的效率会提高。

大家都把造成这种现象的原因归结为体力的消耗，但是却很少有人意识到意志力的消耗也是造成这种现象的原因之一。在自我控制过程中，能有意识地调控自控和休息时间的人非常少。大部分人在自我控制过程中，都只会一味地靠意志力坚持，直到坚持不住才发出感叹，认为自己的意志力不够坚强。

从上述实验可以得知，这种做法不利于提高自我控制的效果，反而会使自控力下降。因此，在自我控制的过程中，我们应该合理休息。这样，可以让我们大脑中监控系统的机能得到恢复，自我控制的效果得到更好的保证。

合理调节自己的工作与休息

对于休息和工作，不同的人有不同的看法。有些人认为，时间很宝贵，为了在工作上获得更高的成就，应该争分夺秒地工作；而有的人却认为，会休息才会工作，休息与工作应该合理安排。

持前一种观点的人，在工作上非常努力，人们经常把这一类人称为工作狂。而持后一种观点的人，则会分配一些时间在休息和娱乐上。他们认为，过度的工作不但会对身体健康造成不良影响，还会对工作产生消极影响，使工作效率降低，决策发生失误等。因此，他们认为与其因为过度工作对身体造成负担而妨碍下一步工作，还不如调节好工作和休息时间，保持自己的身体健康，也让自己更有效地工作。

心理学家在研究人们的自我控制和休息之间的关系时发现，自我控制过度导致的意志力耗竭状态会造成个体智力水平暂时下降，认知任务的完成质量降低。因此，心理学家建议人们合理地调节自己的工作与休息。

在对自我控制的研究中，心理学家发现意志力会在自我控制过程中逐渐被消耗。所以，当个体在完成一些需要自我控制的任务之后，意志力就会处于一种耗竭状态。当个体意志力处于耗竭状态时，个体对自己各方面的控制力都会下降，在很多方面的表现都会变差。在近期的研究中，心理学家发现，自我控制过度时，个体的智力表现也会变差。

2003 年，哈佛大学的心理学家迈歇尔发表了一项他的研究结果，指出当个体的意志力资源耗竭时，个体的认知加工能力下降，显示出的智力水平会降低。

实验者先是招募了一些被试者，并将他们随机分成两组：实验组和控制组。然后，实验者要求实验组的被试者完成一些会消耗意志力资源的自我控制任务。而控制组则没有。实验者的目的在于让实验组的被试者在参加下一个任务的时候，意志力处于耗竭状态，而控制组被试者则处于正常状态。

当实验组被试者完成自我控制任务之后，实验者让被试者完成 13 道从 GRE 测试（美国研究生入学考试）中抽取的解析题。实验者告诉被试者，他们完成题目的时间只有 10 分钟。假如 10 分钟之后，被试者依然没有完成题目，那么实验者将强行结束任务。

最后，实验者对两组被试者的解答进行评分，并进行对比。结果实验者发现，相对于控制组的被试者，实验组的被试者答题的正确率明显偏低；意志力处于耗竭状态的被试者的答题正确率低于意志力处于正常状态的被试者。

根据实验结果，实验者得出：意志力的耗竭，会导致个体认知任务的完成质量明显下降。

心理学家对实验进行分析，认为意志力的耗竭会使个体显示出来的智力水平下降，从而导致个体在完成对智力有要求的任务时，任务的完成质量降低。

从实验的结论和心理学家的观点来看，当意志力处于耗竭状态的时候，是不适合进行认知任务的。在学习或者工作中，常常需要个体用意志力控制自己抵制某些欲望（比如休闲欲、交往欲、睡眠欲等），拒绝诱惑，控制自己坚持学习与工作。因此，学习和工作不仅仅是一个消耗体力的过程，还是一个自我控制的过程。

从上述实验可以知道，当个体的意志力耗竭时，个体的认知任务的完成质量就会下降。而学习和工作一般都是与智力相关的认知活动。因此，当学习或工作过度时，其效率一般也会下降。由此可知，当意志力耗竭时，我们不应该再继续完成某些和智力相关的任务，而应该适当地休息，使自己的状态尽快得到恢复。

首先，我们应该合理安排工作和休息的时间，这样可以避免自己陷入意志力耗竭状态。其次，我们应该合理安排工作任务，不要将重要的认知任务放在意志力耗竭时进行。我们可以先将一些难度比较大、比较重要的工作任务安排在状态好的时候进行。然后再将剩下的工作任务，按照紧急和重要性安排在剩余的时间里进行。这样，不但可以调节自己的工作状态，还可以在有限的时间内，把事情做得更好。

放松可以恢复我们的意志力

心理学家发现，虽然自控力资源会在自我控制过程中被损耗，并在损耗过度的时候进入耗竭状态。但是自控力资源可以通过放松和休息得到恢复，也可以通过一定的方法进行补充。

1984年，帕拉苏拉曼研究发现，在连续的任务中周期性地插入一个带有放松性质的间隔，将利于提高个体在后续任务中的表现。后来，图克在研究中也得到了类似的研究结果。

这些研究结果说明，休息和放松能够帮助个体恢复自己的意志力。为了进一步研究休息放松对意志力耗竭的影响，很多心理学家展开了更加深入的研究。

2008年，泰勒和彭斯的一系列实验证明，在两个任务之间进行一定的放松活动，可以抵消一部分意志力耗竭的负面影响，让意志力耗竭的被试者在自我控制任务中的表现与意志力水平正常的被试者表现相当。

这一系列实验研究都证明：放松可以有效地抵消意志力耗竭带来的负面影响。因此，很多心理学家又开始研究什么样的放松方法能够有效地抵消意志力耗竭带来的负面影响。其中，关于冥想放松的研究最多。

心理学家曾经做过这样一项实验。实验者先将被试者随机分成三组：情绪抑制组、非情绪抑制组和冥想组。

然后，实验者让三组被试者观看一些可以引发某些情绪的短片。实验者要求情绪抑制组和冥想组的被试者在观看短片的过程中，抑制自己的情绪表现；而对非情绪抑制组的被试者则没有这个要求。

短片观看完后，实验者要求情绪抑制组和非情绪抑制组的被试者马上完成一个自我控制任务。而冥想组的被试者则先通过冥想练习放松自己，然后再参加自我控制任务。

实验者在比较三组被试者在自我控制任务中获得的成绩后发现，非情绪抑制组和冥想组获得的成绩都明显高于情绪抑制组。而非情绪抑制组和冥想组之间的成绩则差别不大。因此，实验者认为冥想可以有效抵消意志力耗竭所带来的负面影响。

关于冥想的作用，哈佛大学的心理学专家们进行了相关研究，不过大多集中在运动员身上。比如2002年，哈飞等人通过对自行车运动员的实验和调查，发现冥想训练可以有效地帮助自行车运动员降低其心态中的消极因素，并提高他们的自信心水平。

在自我控制过程中，应该适当地安排一定的放松时间，让自己能够通过放松训练来恢复自己的自控状态。生活中，我们可以通过很多方法来放松自己，比如，听听舒缓的音乐，闭上眼睛休息几分钟等。而本节的实验也向我们展示了一种有效的放松方法，即冥想放松法。

生活中有很多人利用冥想来放松自己，而且人们冥想的方法也各有不同。其中，有一种比较常见的冥想放松法就是靠想象自己在舒适的海边休息来放松自己。

利用这个方法放松自己时，我们首先需要以一个舒服的姿势坐在或者躺在椅子上。然后，闭上眼睛放松自己。慢慢地深呼吸，每深呼吸一次，就觉得放松一些。（深呼吸 3 ～ 5 次就行。）接着，想象自己正躺在海边的一张躺椅上休息。想象海水很清澈，很平静。微微的海风吹来，让人感觉非常舒服，带走了所有的疲惫。柔和的阳光照射在身上，让人感觉到非常温暖，浑身的疲惫也被温暖的阳光赶走，感觉身体越来越舒适，越来越轻松……

冥想放松所达到的效果存在个体差异，有些人很容易通过冥想得到放松，而有些人达到的放松效果却比较差。这跟个体的受暗示程度、想象力以及使用冥想放松法的熟练程度相关。一般来说，越容易受暗示的人，通过冥想放松法得到的放松效果越好。所以，那些想象力比较差、接受暗示的程度又比较低的人可以通过其他的放松方式得到更好的放松效果。

因此，关键是找到适合自己的放松方式，并达到放松的目的，恢复自己的意志力水平。比如很多人都认为，在工作和学习中，每两个小时闭上眼睛休息 10 ～ 20 分钟，什么都不想，就可以达到很好的放松效果，可以让自己拥有良好的工作状态。

综上所述，假如我们想要保持一种良好的意志状态，那就应该在自我控制过程中合理地调节好休息的时间，以适合自己的休息放松方式并快速地放松自己，让自己的意志力水平得到恢复。

第九辑

学会主宰自己，让超强意志力为成功发力

意志力对人生的意义毋庸置疑，每个人都有相应的意志力，但很多人的问题在于：在人生的路上，该怎么做才能发挥自己的意志力效力，让意志力为成功服务呢？其实，让超强意志力为成功发力，是一种对自我的主宰，只要做好自己，意志力就会发生作用。

世界随我们的信念而发生裂变

超强意志是一种精神食粮。人不吃东西就会饿死，对于某些有超强意志的人而言，离开了他们依赖的“精神食粮”，他们就会无所适从，甚至生不如死。

就“天无绝人之路”这句话而言，信与不信，在关键时候完全会产生两种截然不同的结果。比如：两个身陷绝境的人，其中一个相信“天无绝人之路”，并以积极的心态去寻求生存；而另一个则自暴自弃，从而丧失了求生的机会。一句话：信则生，不信则死。

意志往往就这么神奇，由不得用逻辑以及科学道理去验证它。意志有时候只是简简单单的两个字：可能。但这两个字足以改变一个人的一生。

“不可能”让千千万万的人丧失了无数次成功的机会；“不可能”让许许多多本可以活下来的人，早早死去；“不可能”是所有不思进取的人最常用的口头禅。

哈佛大学毕业生，美国著名桥梁工程师约翰·罗布林雄心勃勃地意欲着手建造一座横跨曼哈顿和布鲁克林的大桥。然而桥梁专家们却认为这个计划纯属天方夜谭，劝他趁早放弃。罗布林的儿子华盛顿·罗布林是一个很有前途的工程师，他也确信这座大桥可以建成。父子俩克服了种种困难，在构思着建桥方案的同时，也说服了银行家们投资该项目。

然而大桥开工仅几个月，施工现场就发生了灾难性的事故。父亲约翰·罗布林在事故中不幸身亡，华盛顿的大脑也严重受伤。许多人都以为这项工程会因此而泡汤，因为只有罗布林父子才知道如何把这座大桥建成。

尽管华盛顿·罗布林丧失了活动和说话的能力，他的思维还同以往一样敏锐，他决心要建成这座他们父子俩费了很多心思的大桥。一天，他脑中突然闪现出一个念头，也许用他惟一能动的一个手指可以和别人进行交流。他用那根手指敲击他妻子的手臂，通过这种密码方式由妻子把他的设计意图转达给仍在建桥的工程师们。整整13年，华盛顿就这样用一根手指指挥工程，直到雄伟壮观的布鲁克林大桥最终落成。

这听上去就像天方夜谭。奇迹就这样诞生了，尽管是如此令人难以相信，但意志就是如此创造了奇迹。

有一位王子，长得十分英俊，但却驼背，这个缺陷使他非常自卑。他常常想，宁愿不做王子，也不要驼背。

老国王非常心疼这个孩子，他决心利用“信念疗法”治愈王子的驼背。有一天，国王请了全国最好的雕刻家，刻了一座王子的雕像。按照国王的指令刻出的雕像没有驼背，背是直挺挺的。国王将此雕像竖立于王子的宫殿前。

当王子看到此雕像时，他心中产生一种震撼，老国王对他说：“孩子，这就是以后的你，一个挺胸直背的王子！”

几个月之后，百姓们说：“王子的驼背不像以前那么严重了。”当王子听到这些时，他内心受到了鼓舞。于是，他更加苛求自己的姿态和举动，无论坐、站、行走甚至睡觉，都要竭尽全力去做到“挺直，挺直，再挺直”！

奇迹出现了，当王子站立时，背直挺挺的，与雕像一样。

王子在一个坚强的超强意志支撑下，努力去改变自己。而老国王、百姓们的要求和鼓励，更是对他极大的鼓舞。所以，他最终实现了自己的愿望。王子对于自己未来的样子丝毫没有怀疑，他确信自己会成功，所以，他成功了。事情往往就是这样的：说你像他，你就有可能成为他。如果你没有受到这样的鼓励，也没有关系，你可以自己鼓励自己。

摆脱厄运的办法是不向它认输

意志力的运用大都是从精神和心理层面入手的，换句话说，意志力的运用更多是心理的调节。哈佛大学教授李·科维奇认为，意志力合理的运用不是单一的，而是体现在多方面，比如坚持、韧性、毅力、不屈服等，当个体拥有这些心理的时候，意志力就得到了运用。

二战中，一位美国海军军官在一次战斗中身负重伤，双腿无法站立。为了挽救他的生命，舰长派一个海军下士驾小船将他送往战地医院。在黑暗中，小船漂流了 4 个多小时，不幸迷失了方向。掌舵的下士失去了信心，要开枪自杀。正在流血的军官却很镇定地劝说他："你别开枪，我有一种神秘的预感，我们一定能够靠岸。千万不要放弃，绝望的时候更需要一点耐心！"下士被他的话所打动，缓缓放下了手中的枪。

话音刚落，突然向敌机发射的高射炮火光冲天，他们发现小船离码头不远了。

与其说是高射炮的火光救了二人，还不如说是绝望之中对生命渴求的欲望救了他们。

是的，那个军官拒绝在死亡判决书上签字，也不准下士那样做，所以，死刑暂时无法执行！

在生活中，我们该如何发挥自己的意志力呢？当遭受厄运的时候，坚强与懦弱是成败的分水岭。懦弱的人选择放弃，当然，放弃再容易不过了，只要不再挣扎，不再努力，随波逐流就可以。但是，坚强的人却不肯向厄运屈服，他们要坚持到底，尽管坚持要比放弃艰难1万倍。他们顶风而行，跌倒了再爬起来，每一步都走得十分艰难。坚持到底的人总是很少，但正因为坚持着走过了困难，他们的结局也非常辉煌。

发挥意志力的前提是矢志不渝的信念，而信念则需要更持久、更顽强的意志力来维持。坚持、信念、耐心，对于一个想走出困境、迈向成功的人来说同等重要，缺一不可。

在美国南部的一个农场里，黑奴们过着非人的生活。

一天，一个黑奴的女儿推开了农场主的房门。

农场主很不高兴，恶狠狠地问她："什么事？"

那女孩子理直气壮地回答："我妈让我向您要一块钱。"

"不行，你走吧。"农场主毫不犹豫地拒绝了。

"是。"女孩答应着，可是一点也没有离开的意思。

农场主很生气地说："我叫你回去，你听不懂啊？再不走，我让你好看！"

女孩依然应了一声"是"，但却仍然一动不动地站在那里。

农场主大怒，他气急败坏地抓起皮鞭朝女孩走去。

然而，那个女孩毫无惧色，不等农场主走近，反而先迎着他踏前一步，以坚定的眼神一眨不眨地注视着凶恶的农场主，斩钉截铁地说道："我妈说无论如何都要拿到一块钱！"

农场主一下愣住了，细细地端详着女孩的脸，缓缓地放下鞭子，从口袋里掏出一块钱给了女孩。

当一个人发挥意志力时，没有什么可以打败他，更没有什么可以吓倒他。无论陷入什么样的困境，他都能够永远立于不败之地。

一个名叫保罗的小伙子从祖父手中继承了一座森林庄园，可是，没过多久，一场雷电引发的山火就将其化为灰烬。面对焦黑的树桩，保罗感受到了从未有过的绝望。但是年轻的他不甘心百年基业毁于一旦，决心倾其所有也要修复庄园，于是他向银行提交了贷款申请，但银行却无情地拒绝了他。接下来，他四处求亲告友，依然是一无所获。

所有可能的办法全都试过了，保罗始终找不到一条出路，他的心在无尽的黑暗中挣扎。他知道，自己以后再也看不到那郁郁葱葱的树林了。为此，他闭门不出，茶饭不思，日渐消沉，他甚至后悔当初不该从爷爷手中继承这份遗产。

一个多月过去了，他的外祖母获悉此事，意味深长地对保罗说："小伙子，庄园成了废墟并不可怕，可怕的是你的眼睛失去了光泽，一天天地老去。一双老去的眼睛，怎么可能看得见希望呢？"

保罗在外祖母的劝说下，一个人走出庄园，走上了深秋的街道。他漫无目的地闲逛着，在一条街道的拐角处，他看见一家店铺的门前人头攒动，他下意识地走了过去。原来，是一些家庭妇女正在排队购买木炭。那一块块躺在纸箱里的木炭忽然让保罗眼睛一亮，他看到了一线希望。

在接下来的两个多星期里，保罗雇用了几名烧炭工，将庄园里烧焦的树加工成优质的木炭，分装成箱，送到集市上的木炭经销店。结果，木炭被一抢而空，他因此得到了一笔不菲的收入。

不久，他用这笔收入购买了一批新树苗，一个新的庄园出现了。几年以后，森林庄园又渐渐恢复了它原有的生机。

人要是不让自己的意志力发挥作用，就会表现出一种懒惰态势。这种懒惰表现在：满足现状，不思进取。当人们习惯了风平浪静、按部就班的日子之后，甚至不想去做一丁点改变，不愿去承担风险。觉得日子平安而满足，不会去想更多的新问题，对日渐逼近的危机也不太在意。然而，一旦大难临头，事业全面崩溃，便感受到了绝望。不肯相信平淡的日子会有翻天覆地的变化，以前所有的依赖、满足和美好的指望统统被删除了，只有认输。所以，发挥意志力是一个保持自我的前提。

倔强的骆驼，成功的驼骆

发挥自己的意志力其实没有那么复杂，很多时候，只要拥有一份耐心就可以了。哈佛大学校园内有个哲理墙，有学生在上面写了这样一段话：

“认准目标，耐住性子，一步一步向前挺进。就这样！”这是一头已近垂暮的老骆驼，第99次穿越了号称“死亡之海”的千里大沙漠，凯旋之后，应邀为其他畜类做讲演的全部内容。

“就这些吗？”

“是的，伙计们。就这样！”

这段话被永久保留在哲理墙上，也成了哈佛大学校园文化的经典之作。它告诉千千万万哈佛学子，一个人的成功与否主要是看他有没有耐心。

成功就是这样，听上去十分简单。但是，做起来并不容易。成功没有侥幸，没有捷径。想靠找窍门达到成功，只能是一厢情愿的空想。如果害怕艰苦，想要偷懒，就很难成功。老骆驼的话虽简单，但是，它所谈到的三项基本原则，一旦做起来将会是无比的艰难。

很多时候，耐心是成功的必备条件。想一想，千里大沙漠，一两个月的行程，干燥的热风，烙铁般的烈日，缺水，没有青草，一日复一日身负重物在滚烫的沙子中前行。一旦动摇了，失去了耐心，就会被茫茫大漠所吞噬。一步一步地向前挺进，这是所有成功的必经阶段，就像铁链的环节，缺一不可。成功不是一蹴而就，任何成功都来自一点一滴的积累。当然，要做到这些，我们必须具备骆驼般优秀的成功素质。

我们所在的世界是一个优胜劣汰的世界，这是自然规律。地球自30亿年前出现了生命之后，曾经产生过25亿种动植物，到1990年时已灭绝了其中的99.9%，被灭绝的物种的一半则又是在300年内消失的，这一半中的60%则又是在20世纪结束前完成的。

目前，世界上的物种正以每天100种的速度走向最后灭绝。有无数的物种在和自然做斗争的过程中，走向了灭亡。物种的进化就像是一次对于生命成功素质的修炼，成者生存，败者覆灭。

恐龙失败了，剑齿虎失败了……一个又一个物种在恶劣的自然条件下，并没有进化出更适合环境的特性来，而是宣告灭亡。而骆驼，则练就了一副适合于恶劣环境下生存的钢铁意志和顽强不息的工作精神。它既耐寒又抗高温，可以长时间不喝水，而且脚掌心非常适合在沙漠上行走，所以，它成为沙漠之舟，成为最能够抵抗恶劣环境的斗士。

这是一种成功。它并不是在恶劣的环境下怨天尤人，也不是坐等着救星的来临，它知道要在这么艰难的环境中存活下去，只能靠自己。于是，它渐渐长成了适合沙漠中行走的脚掌，用高耸的驼峰储存足够的水分和能源，在千里大沙漠中一步一步向前。

这就像是一个人的成功不能等和靠，只能凭借自己。没有坚实的脚掌，要靠自己去磨练；没有抗击恶劣环境的准备，只能在一次次的失败中吸取教训；没有坚强的意志，只能靠生活给予的训练。

成功的素质就是靠着这样的一点一点地积累慢慢形成，可以说，成功是炼就出来的。就成功而言，根本就没天生那回事，没有一个人是天生就拥有成功的素质的。有的人的成功看似很容易，但他背后的艰辛却并不是每个人都能看到的。所谓天生拥有成功的资本，不过是一些懒人的借口罢了。对很多人来说，成功的资本，恰恰就是拥有耐心。

其实，每个人都是成功的材料。一开始，成功者也只是一块粗坯，只是在生活的磨练中，一点点去掉了不成功的痕迹而已。有耐心雕琢自己的人，走向了成功，练就了成功的本领。而那些只会向命运感慨不公的人，则是无限度的放大了自己身上不成功的痕迹，他们不肯雕琢自己，永远没有成功的可能。

坦然面对失败才能成功

什么时候最能检验我们有没有超强的意志力？什么时候需要我们有超强的意志力呢？答案很简单，就在我们遭遇失败的时候。那么，在面临失败的时候，如何做才能彰显出自己的意志力呢？哈佛大学心理学专家研究发现，当一个人坦然地面对失败时，就会滋生出超强意志力，并且一如既往地走下去，直到走向成功。为了验证这个结论，哈佛大学曾经对全球50位成功人士的成功经历进行研究。野口诚一就是他们的研究对象之一。

野口诚一是日本的一名企业家。他有句名言：世界上没有一帆风顺的成功。

野口诚一在25岁那年创建了一家玩具公司，经过了22年的经营后宣布破产。在破产之前，野口诚一曾被称为实业家，相当受人瞩目，甚至还担任了大学的理事。所以破产事件对他来说算是从事业巅峰一下子跌入了人生的低谷。

当时，野口先生一心只想着玩乐，业务才刚上轨道就抛开工作不予理睬。据说他的情人多得不知道具体数目，其中的一个，他给买了公寓后就一次也没有见过。

他喜欢上舞蹈和戏剧后，居然租下了国际剧场，并给朋友们提供盒饭和零花钱让他们陪同自己观看，以形成剧场满员的气氛。

野口先生说："现在想想，当时大家肯定都在背后骂我愚蠢。"

因此，他几年都没有回家，每天只知道去公司拿钱。

这样做的结果自然是公司的破产。

最后，野口诚一身无分文地走回自己的仅能装下四个榻榻米的小公寓。

野口诚一从万丈高楼一下跌进万丈深渊，有那么一阵子，他晕头转向地想不明白到底是怎么回事，不知道自己该做什么，还能做什么。

但很快，他振作起来。他在报上看到某某公司倒闭，经理自杀的报道，决定发起组织一个协会，专门帮助这些人走出阴影。

协会在困境中成立了，野口诚一用自己的不懈努力，将协会从几个人扩大到500多人。协会研讨的内容也从最初的只谈公司倒闭之类的问题，扩展到所有关于公司成长、失败的问题。

失败给人带来的绝非全是坏处。拥有超强意志力的人大多都是这样的：拥有某样东西时，往往会忽略它，一旦失去，才会想起珍惜并奋起自救。所以，生命中的低谷对拥有超强意志力的人来说是一大考验，跨过去，才能够迎来生命的另一次辉煌。

要知道，失败的更深层一点的含意，可能是"你似乎不适合做这个，试试另外一种"！野口诚一从失败中尝到了痛苦，对失败有着比别人更深切的体验，这反而成了他重新崛起的契机。他没有选择自杀，也没有回头去做玩具，而是开拓了一片新的领域并获得了成功。

成功的顶峰没有驿站，失败也不会是我们人生的"定格"，世界每分每秒都在发生着变化。只要能勇敢地站起来，总会发现一片新天地。

成功有一个固定的系数：爬起永远比倒下多一次。

一只蜘蛛在一座破庙的断墙处结下了网，把家安顿了下来。但是，它的生活并不安宁，因为它常常会遭受风雨的袭击。

一天，大雨来临，它的网又一次遭受劫难。大雨刚过，这只蜘蛛向墙上支离破碎的网艰难地爬去。由于墙壁潮湿，它爬到一定高度就会掉下来。它一次次地向上爬，一次次地又掉了下来，但它不懈地坚持着。

一直在破庙里避雨的三个人看到蜘蛛爬上去又掉下来的情景，开始讨论起来，他们的观点却大不一样。

第一个人看到后，叹了一口气，自言自语地说："哎，我的一生不正如这只蜘蛛吗？我们的境况就是这样，虽然一直都在忙忙碌碌可结果却是一无所得。看来我的命运和这只蜘蛛一样也是无法改变的。"于是，他继续沉迷于颓废之中。

第二个人在一旁静静地看了一会儿，不屑一顾地说道："这只蜘蛛真愚蠢，为什么不从旁边干燥的地方绕一下爬上去呢？以后我可不能像它那样愚蠢。再遇到棘手的问题我一定要用头脑认真思考，不能一味地埋头苦干，尽量寻找解决问题的捷径。"从此，他变得聪明起来了。

第三个人专注地看着屡败屡战的蜘蛛，他的心灵为之深深地震撼了，他在想："一只蜘蛛竟然具有如此执着而顽强的精神，有这样的精神就一定可以取得成功。我真应该向这只蜘蛛学习，不再害怕挫折和失败的打击。"受这只蜘蛛的启发，他从此坚强无比。

对于同一只蜘蛛有不同看法的三个人，自然也成就了不同的人生。

第一个人的看法，自然是不可取的。对于他来说，人生无疑是由命运来决定的，个体努力是不算数的。这样的消极颓废自然无法应付人生中数不尽的挫折和磨难。

第二个人的看法，是聪明的感悟，遇到挫折当然应该吸取教训，但有的时候，很多棘手的问题我们是无法绕开的，绕开就等于放弃。成功是没有捷径的。聪明反被聪明误的人，一生被其聪明支得团团乱转，在忙忙碌碌地寻求捷径中度过一生。

用情不专，会失去爱情。目标不明确，见异思迁，终无所获。

屡败屡战的人在聪明人眼中统统是傻瓜，而最终获得成功的恰恰就是这些目标始终如一，屡败屡战的傻瓜。在人生路上拼搏创业的人必须有一股子傻气，当然傻气是指在坚韧不拔这方面的劲头。

“成功只代表你工作的1%，而另外的99%则意味着失败。”这是本田宗一郎1974年在美国获得博士学位时的一段讲话。他还对一些渴望成功的企业家说：“企业家必须善于瞄准那些在他人看来‘不可能’的目标，同时，你必需拥有失败的自由。”

本田宗一郎1906年11月出生在日本荒僻的兵库县的一个贫穷家庭。由于家庭贫穷，9个孩子中有5个因营养不良而早夭。他家离索尼公司创始人盛田昭夫的家不远。盛田出生在一个拥有一个网球场的优裕家庭，而本田却是一个修理自行车的穷铁匠的儿子。这种早期环境的影响对本田很有好处，父亲对他解决机械问题的培养在本田早期的训练中起到了很大的作用。

本田是个穷学生，经常逃课，他憎恶正规的教育。但他偏爱试验课，总是运用富有启发性的试验方法。

本田注定比其他人更能改变摩托车和汽车工业。在20世纪50年代早期，本田公司终于挤进了拥挤的摩托车行业。在5年内打败了250个竞争对手，使他实现了儿时的制造更先进的摩托车的梦想。

本田承认他犯有错误，正如他在密歇根技术大学接受博士学位的演讲中表明的那样：

“回首我的工作，我感到我除了错误、一系列失败、一系列后悔外什么也没有做。但是有一点使我很自豪，虽然我接连犯错误，但这些错误和失败却不是同一原因造成的。”

可以说，本田无愧是一位伟大的失败专家。他的两点关于失败的艺术论述，若非是一个饱经失败磨难并最终获得巨大成功的人，是绝对概括不出来的。

请记住他的话：

“你必需拥有失败的自由。”

“我连连犯错，但失败却不是一个原因造成的！”

他的话，对于一个苛求成功的人来说，是不能够成立的，“难道一个失败者还应该拥有继续失败的特权吗”？一般的创业者只信奉一个信条：只许成功，不许失败。

信奉这种信条的人，有几大害处：

一、把成功简单化了，以为一句口号即可达到“没有失败，只有成功”的完美理想境地。

二、对失败没有充分的估计，也缺乏充分的接受失败的心理准备，因此很容易被突如其来的挫折彻底击垮。

三、急功近利，只顾低头拉车，不抬头看路。

四、失败恐惧症，忌讳言败，逃避，不敢面对残酷的困难现实，自欺欺人。

“只准成功，不许失败”的守奉者，大多都是跌倒后再也爬不起来的哀兵。

本田的另一句关于“失败却不是一个原因造成”的话，内涵何其丰富。他从两个侧面重新阐明了成功与失败的科学依据。

如果一个人总是被同一块石头绊倒，10 次 20 次之后还是那块石头，这只能说明那人是蠢才，绝对与成功无缘。

9 次犯错，9 个原因，说明犯错者是善于创新，敢于不断向新生事物、新的目标或领域挺进的人。它的潜台词是：这次失败的原因我已找到了，我决不会再犯同样的错误。

在逆境中保持韧性才能成功

坚韧是一种刚强，坚韧是一种体现生命弹性的品格，坚韧是一种性格的魅力，坚韧是在坚持中体现出的一种韧性，它显得更理性，更富有张力。

具有坚韧性格的人是明知不可为而为之，是夹缝里求生存，是明知山有虎偏向虎山行的人。具有坚韧性格的人是无敌的，这种人做事专一，永不会放弃，不屈不挠，不达目的誓不罢休。这种性格的人无论从事什么职业都会成功，因为他们决不轻言放弃。

在课堂上，哈佛大学乔治教授问学生："你们知道拿破仑在滑铁卢一役中是被谁打败的吗？"

"英国的威灵顿将军。"学生们异口同声地说。对于哈佛大学的学生来说，这个问题太简单了。

乔治教授说："可不要认为威灵顿有多了不起，在打败拿破仑之前，他是一个常败将军。"

原来，这位打败英雄的英雄并不只是幸运而已。他也曾尝过打败仗的滋味，并且多次被拿破仑的军队打得落花流水。

最落魄的一次，威灵顿将军几乎全军覆没，只好落荒而逃，迫不得已藏身在破旧的柴房里。

在饥寒交迫中，他想起自己的军队被拿破仑打得伤亡惨重，这样还有什么脸面去见家乡父老呢？万念俱灰之下，只想一死了之。

正当他心灰意冷的时候，突然看见墙角有一只正在结网的蜘蛛。一阵风吹来，网立刻被吹破了，但是蜘蛛并没有就此罢休，它再接再厉，努力吐丝，立刻开始重新结网。好不容易又快要结成时，一阵大风吹来，网又散开了，蜘蛛毫不气馁，转移阵地又开始编织它的网。像是要和风比赛一样，蜘蛛始终没有放弃，风越大，它就织得越勤奋，等到它第八次把网织好以后，风终于完全停止了。

威灵顿将军看到了这一幕，不禁有感而发，小小的一只蜘蛛都有勇气对抗大自然这个强大的劲敌，何况自己一个堂堂的将军，更应该要奋战到底，怎能因为一时的失败而丧失斗志呢？

于是，威灵顿将军接受失败的事实，重整旗鼓，苦心奋斗了七年之久。最后在滑铁卢之役一举打败拿破仑，一雪当年的耻辱。

乔治教授最后告诉他的学生说："威灵顿将军赢在坚韧不拔的品格上。世界上如果说有一种药能够救人于失败落魄的境地，那么这剂药的名字就叫'坚韧'。坚韧能成就人生，成就理想，成就希望。生命的质量不在于它的硬度而在于它的韧性，'韧'字的含义是：百折不挠，勇往直前。人如果没有一股韧劲，干什么都不会成功。"

的确，坚韧是通向成功的桥梁，它让人们在困难中取得了成功。人的一生如果过于顺利，就如温室里的花朵，虽然也能绽放艳丽，但却缺乏一种活力，一种源于大自然、经历风吹雨打后展现出的生命力。世间万物惟有经过大自然狂风暴雨的洗礼和锤炼方能诞生出旺盛的生命力。人生也是如此。人处于逆境之中，如能坚强地忍受一切不如意，甚至于磨难，而后仍屹立不倒，便是强者！

富兰克林说："有耐心的人，无往而不利。"耐心就是一种坚韧，需要特别的勇气，需要不屈不挠、坚持到底的精神。这里所谓耐心是动态的而非静态的，是主动的而不是被动的，是一种主导命运的积极力量。这种力量就是坚韧，以一种几乎是不可思议的执着投入到既定的目标中，才具有人生价值。

生活像一场现场直播的演出。我们没有选择的余地，也许我们会无数次地被命运之手推拒在主场之外，激情没有了，曾经的笑脸没有了……在生活的惯性思维之中，我们开始变得沉默和妥协，慢慢地，被磨平了棱角，淹没于人海中了。只有保持一种特别的坚韧，才能让生活更美好，更有意义。米兰·昆德拉说过："生活，是持续不断地沉重努力，为的是不在自己眼中失落自己。"作为人，只有坚韧地承纳着各种失意和寂寞，才能不迷失自己，笑到最后，笑得最好。

敢于面对"做不了的事情"

如果有一件棘手的事情摆在眼前我们会怎么办呢？退缩吗？不，我们应该有坚定的信心，相信没有什么是自己做不了的，然后再做好相应的准备工作，两者相加的最后结果就是成功。

美国经济大萧条最严重时，在多伦多有位年轻的艺术家，他全家靠救济过日子，那段时间他急需要用钱。此人精于木炭画。他画得虽好，但时局却太糟了。怎样才能发挥自己的潜能呢？在那种艰苦的日子里，哪有人愿意买一个无名小卒的画呢？

他可以画他的邻居和朋友，但他们也一样身无分文。惟一可能的市场在有钱人那里，但谁是有钱人呢？他怎样才能接近有钱人呢？

他对此苦苦思索，最后他来到多伦多《环球邮政》报社资料室，从那里借了一份画册，其中有加拿大的一家银行总裁的正式肖像。他回到家，开始画起来。

他画完了像，然后放在相框里。画得不错，对此他很自信。但怎样才能交给对方呢？

他在商界没有朋友，所以想得到引见是不可能的。但他也知道，如果想办法与那位总裁约会，他肯定会被拒绝。写信要求见他，但这种信可能通不过那位大人物的秘书那一关。这位年轻的艺术家对人性略知一二，他知道，要想穿过总裁周围的层层阻挡，他必须投其对名利的爱好。

他决定采用独特的方法去试一试，即使失败也比主动放弃强，所以他就开始行动了。

他梳好头发，穿上最好的衣服，来到总裁办公室并要求见一下总裁，但秘书告诉他：事先如果没有约好，想见总裁不太可能。

“真糟糕”，年轻的艺术家说，同时把画的保护纸揭开，“我只是想拿这个给他瞧瞧。”秘书看了看画，把它接了过去。她犹豫了一会儿后说道：“请稍坐，我就回来。”

她马上就回来了。“他想见你。”她说。

当艺术家进去时，总裁正在欣赏那幅画。“你画得棒极了，”他说，“这幅画你想要多少钱？”年轻人舒了一口气，告诉总裁他想要25美元，结果成交了（那时的25美元至少相当于现在的500美元）。

为什么这位年轻艺术家的计划会成功？哈佛大学社会心理学家在解读这个故事时，给出了一些答案：

——他刻苦努力，精于他所从事的行业。

——他想象力丰富：他不打电话先去约好，因为他知道那样做自己会被拒绝。

——他很明智：他不想卖给邻居，而是去找大人物。

——他有洞察力：他能投总裁对名利的爱好，所以选择了他的正式肖像，他知道这肯定符合总裁的口味。

——他有进取心：做成生意后，他又请银行总裁把自己介绍给他的朋友。

——他敢于另辟蹊径，在采取行动前研究市场，认真估计第一笔生意后的事，他成功了。还有，他不害怕去做那些“做不了的事情”。

当一个人敢做某事并取得成功时，那很少是走运的结果，而更可能是富有想象的思考和周密安排的结果。

最勇敢的事迹之一应该是1927年美国飞行家林白的首次单独不着陆横越大西洋。林白当时25岁，冷静地用自己的生命去打赌，他赢得了看起来不可能的一搏。

起飞前他度过了一个不眠之夜。他从纽约长岛驾驶着一架单引擎飞机起飞了，这架飞机里塞满了汽油桶，几乎没有他坐的地方，汽油的重量使得飞机负担太重，在从纽约飞往巴黎的途中，想空降那是不可能的。

一路上大雾遮住了他的视线，当时没有无线电让他同地面保持联系，他拥有的只是一只指南针。好几次他都睡着了，醒来时才发现飞机只有几米距离就触海了。通过计算，他在起飞33个小时后就横越了大西洋，在巴黎机场安全降落了。人们欢声雷动，这种热烈的场面实属空前盛况。

是勇敢吗？真不敢相信是这样。

是鲁莽蛮干吗？绝对不是。

为了这次飞行，林白做了为期几年的准备工作，训练自己，准备自己的飞机并命名为“圣路易精神号”。他从威斯康星大学退学出来学习飞行，加入了飞行训练队；他得到空军批准，可以在闲余时间进行飞行；他作为美国航空邮政飞行员在白天黑夜、晴天雨天都飞行，行程多达几万英里；他曾遇过险情，飞机被迫降在农田里；他学会修理飞机引擎并懂得每个零件的工作原理。

“幸运的林白”，新闻媒介这样称呼他。“他敢于打赌而且赢了。”他们这样说。不！他的成功不是因为他走运，而是因为在冒险之前，他做好了准备，并准备了飞机，而且是尽了最大努力。他相信自己能够发挥潜能，能成功，他知道惟一能打败自己的只有命运的捉弄，这是我们任何人都无法控制的。

挺过命运的低谷，熬出人生的辉煌

生活就像浩渺的大海，不仅有涨潮的欣慰，更有落潮的无奈；生活也像一碗百味汤，酸甜苦辣溶于其中，各种滋味，品后才知分晓。人生更是一道坎坷的旅途，不如意之事常有八九，有喜更有悲，有起也有落；既有成功后的喜悦，也有失败后的痛苦。成功的喜悦给人积极向上的启迪，使人走出人生的低谷。

我们想要运用自己的意志力，就要学会面对磨难，不要错过人生的失意时刻，也许当命运之神把我们抛入谷底之时，也正是我们人生腾飞的最佳时节。调整自己，学会走出人生的低谷，也许摆在我们面前的就是一片湛蓝的天空！

大家都知道，三井公司和三菱集团都是日本名列前茅而又竞争十分激烈的两大财团。在一次国际竞争中，三菱凭借着自己的“餐馆生产方式”使三井公司遭受到了毁灭性的打击，将竞争失败的三井公司推入了十分艰难的处境，产品全部积压，资金不能周转，要想扩大再生产几乎是不可能。

这对于三井人来说简直是生命的谷底，天似乎就要塌下来了。但三井公司还有一项革新为外人所不知，在三井公司讨论解救危机对策的高级会议上，不少人主张要以新技术的转让来和三菱集团做最后的较量，并把现有产品以低于三菱集团的价格贱卖，以筹得一部分资金，获得喘息的机会。但是三井董事长益田寿没有采纳大家的这种意见，而是选择了坚持，选择了挺住，因为他相信，最终的辉煌是属于自己的。

当时的三菱集团因为竞争得胜，认为能和自己竞争的财团已经不复存在，开始变得不可一世，狂傲不已。在这个时候，三井公司董事长益田寿宣布三井公司停业，大量裁减人员，只留下了原来的1/10，同时还故意告知新闻界：三井公司将要改变经营方向，甚至还透露一些消息说三菱集团将成为这个行业的龙头老大。

三菱集团不知是计，误以为三井公司已经垮台，自己已经在竞争中获得了全胜，从而放心地以独家垄断经营为基础，大大提高产品的价格。然而就在三菱集团得意忘形之际。三井公司新产品投产试验成功。大批新产品铺天盖地一般压来，迅速成为市场上的抢手货，而且价格还略低于三菱集团的产品价格，几乎是在一周之内，三菱集团的产品全部滞销，只好承认在这项产品竞争中失败。

三井公司在总结自己公司东山再起、反败为胜的经验时，上下一致普遍认为：这次反败为胜的成功不仅仅是董事长益田寿运用了攻其不备、麻痹对手的决策，更是整个三井公司的人挺住了低谷的黑暗，坚信总有一天成功的辉煌是属于自己的。

在经济竞争中，能够像三井公司董事长益田寿那样挺过生命之低谷黑暗的人并不是很多，但是这一点对于任何一个人来说都非常重要。那么，在生命低谷到来之时，我们该如何才能做到这一点呢？

1．把任何事情都想开一点

因为无论我们做什么都是为了生活：快乐是一天，不快乐也是一天。又何苦选择不快乐呢？事业已经进入了谷底，难道还想把自己的心情也一起丢入谷底吗？

2．做出积极的改变

有句话说得好，改变就是最好的出路。在对抗低潮情绪的良方中，改变是最为久经考验的一种了。如果用一样东西来形容低潮期的特点到底是什么，那无疑是心灵的麻痹、疑心重重，甚至觉得自己不可能再有任何进展了，一辈子或许就会在默默无闻中度过了。这种消极的情绪会让人彻底放弃努力。在这个时候，最重要的一点就是让自己行动起来，做出积极的改变，即便是出去和朋友聊聊天都是一个积极的改变。

3．善待自己

尽量不要做出伤害自我的事情。最基本的原则是：不要陷入消极情绪而难以自拔。如果在工作中有什么问题，就打电话给自己的爱人、朋友或老师说说情况。此外，对未来进行积极的幻想也是克制自言自语消极影响的一个好办法。不论是在戏剧中扮演某个角色，还是正与癌症作斗争，若在脑子里想像着好的结果，的确会受益匪浅的。

4．懂得坚持、忍耐

显而易见，解决低潮期的方法在一个地方有效，不一定在其他方面也管用。如果真有包治百病的灵丹妙药，那么低潮期现在早就被根治了。关键是：有时就该自己倒霉，就得忍一段时候，一直到时来运转时。

5．放慢奋斗的脚步

遇到低谷期，我们就得努力克服，而且还得一路走过来。在一路走来的时候，我们经常会这样问自己：低谷期是否含有某些发人深省的东西？低谷期实际上意味着什么？它传达了什么样的信息，我们要尽量去理解和尝试吗？而这些问题的答案只有一个：把脚步放慢点！做任何事情，实际上都不可能做到一帆风顺，不可能做到决策一个比一个英明，措施一个比一个得力。

千里之行，始于足下

成功对于任何一个人而言，都是有可能实现的，上天对所有人都决无偏袒；它给予每个人获取成功的距离也是平等的；而获取成功的时间，同样也是公平的。

也许有人对此表示怀疑，认为自己一再努力却无法获取成功是上天的不公。但是，要知道世界上有许许多多和我们一样的人，他们同样一直在刻苦努力却迟迟未能成功。

如果自己的目标准确、信念坚定、方法正确，有足够的干劲、胆识以及耐心，那么，迟迟没有成功就可能是因为一直没有测量过自己与成功之间的距离。

当然，这不是一个可以用尺子来丈量的问题，自己与成功的距离不是空间，而是时间。也许是3年、5年，也许是10年、20年，也许更加遥远。有足够的心理准备吗?

成功的历程也许是一双脚板走到底，火山、冰川、沼泽地、一望无际的大沙漠，还有神秘的大森林，黑暗无尽的山洞以及猛兽、魔鬼和吸血蝙蝠，云雾般成群的蚊虫……

除此之外，并无食物供给的保障，一切都要靠自己去获取。

自己能保证不中途退场吗?

赐于成功者的财富、奖牌是一种很有限的资源。所以，它不是所有人都可轻易得到的。

成功就像大浪淘沙，只有黄金才能最后留住。因为它的质量远远高于沙土及其他金属。

黄金之所以珍贵，实在是因为它太稀少了。

看看一个16岁的非洲小男孩是怎样发挥意志力的作用，创造人间奇迹的：

1958年10月，年仅16岁的勒格森·卡伊拉开始徒步从南部非洲出发，他要穿过东非、北非，然后乘船前往美国。而他身上所有的财产就是维持5天的食物、一本《圣经》和一本《天路历程》、一柄小斧头和一块毯子。

对勒格森来说，他的旅途源于他的一个梦想，不管是多么遥远，这个梦想促使他决心要接受教育。他希望自己能成为心目中的英雄林肯和华盛顿那样的人。林肯虽然出身贫寒，却成为美国著名总统，为解放黑人奴隶进行不懈的斗争。他想要像华盛顿那样，是华盛顿打碎了奴隶制度的枷锁，成为一名伟大的改革者和教育家，为他自己和他的种族带来了希望和尊严。

勒格森身无分文，也没有任何办法支付船票。他根本不知道他要上哪所大学，也不知他会不会被大学接收。

但他知道旅途有3000英里之遥，途中有数百个部落，说着50多种语言，而且他对此一窍不通。

勒格森还是出发了，他必须踏上征途。他一心只想着一定要踏上那片可以帮助他把握自己命运的土地，其他的一切都可以置之度外。

他并非一直这么坚定。作为一个不大的男孩，他有时把自己的贫穷当成自己在学校没尽最大努力和不成功的理由。“我只是个穷孩子”，他曾这样对自己说，“我能做什么？”

对勒格森来说，他和村里的许多朋友一样，原本相信居住在尼亚萨兰卡荣谷镇的穷孩子学习只是在浪费时间。后来从传教士提供的书籍中他发现了林肯和华盛顿。他们的故事启发了他，使他重新审视自己的生活，并且认识到接受教育是自己实现梦想的第一步。于是他就有了徒步到开罗的想法。

在崎岖的非洲大地上，艰难跋涉了整整5天以后，勒格森仅仅前进了25英里。食物吃光了，水也快喝完了，而且他身无分文。要想继续完成后面的2975英里的路程似乎是不可能了，但勒格森清楚地知道回头就是放弃，就是重新回到贫穷和无知。

他暗暗发誓：不到美国我誓不罢休，除非我死了。他继续前行，一刻也不停止。

有时他与陌生人同行，但更多的时候则是孤独地步行。每到一个新的村庄他都非常小心，因为不知道当地人是敌意的还是友善的。有时他找到一份工作，暂时有遮身之处，但大多数夜晚都是大地为床、星空为被。他依靠野果和其他可吃的植物维持生命。艰苦的旅途生活使他变得又瘦又弱。

一次高烧使他病得很重。好心的陌生人用草药为他治疗，并给他提供了地方休息和养病。由于疲惫不堪和心灰意冷，勒格森几欲放弃。他推断说：“回家也许会比继续这似乎愚蠢的旅途和冒险更好一些。”

他并未回家，而是翻开了他的两本书，读着那熟悉的语句，他又恢复了对目标的信心，继续前行。从他开始这次冒险旅行到1960年1月19日已经有15个月的时间了，他走了近1000英里，到达了乌干达首都坎帕拉。此时，他的身体竟健壮起来，也有了更加明智的求生方法。他在坎帕拉呆了6个月，干点零活，并且一有时间就到图书馆，贪婪地阅读各种书籍。

在图书馆里他找到了一本图文并茂的介绍美国大学的指南书，从这本书里他获得了诸多的信息。

位于华盛顿佛农山区的斯卡吉特峡谷学院成为勒格森申请的第一个院校。这看起来似乎是不可能成功的，但他决定立即给学院的主任写封信，述说自己的境况，并向学院申请奖学金。因为担心可能不被斯卡吉特接收，勒格森决定在他的微薄积蓄允许的情况下，给尽可能多的院校寄去自己的申请。

事实上，勒格森并不需要发出那么多申请，斯卡吉特峡谷学院的主任收到他的申请后，被这个年轻人的决心深深感动了，不仅接受了他的申请，还向他提供了奖学金和一份工作，其工资足够用以支付他上学期间的住宿费用。

勒格森向着自己的梦想又前进了一大步，但更多的困难仍然阻挡着他的道路。

要到美国去勒格森必须具备护照和签证，但要得到护照他就必须向美国政府提供确切的出生日期或证明。更糟糕的是要拿到签证，他还需要证明他拥有能够往返美国的费用。

勒格森只好再次拿起纸笔给他童年时起就曾教过他的传教士们写了封求助信，结果传教士们通过政府渠道帮助他很快拿到了护照。然而，勒格森还是缺少领取签证所必须拥有的那笔航空费用。

勒格森并不灰心，而是继续向开罗前进，他相信自己一定能通过某种途径得到自己需要的这笔钱。正由于他非常坚信这一点，他花了自己仅有的一点积蓄买了一双新鞋，使自己不必光着脚走进学院的大门。

几个月过去了，他勇敢的旅途事迹——一次令人难以置信的长征也渐渐地广为人知。当他身无分文、筋疲力尽地到达喀土穆时，关于他的传说已经在非洲大陆和华盛顿佛农山区广为流传。斯卡吉特峡谷学院的学生们在当地市民的帮助下，寄给勒格森 650 美元，用以支付他来美国的费用。当得知这些人的慷慨帮助后，勒格森疲惫地跪在地上，双手合十抱在胸前，满怀喜悦和感激。

1960 年 12 月，经过两年多的行程，勒格森终于来到了斯卡吉特峡谷学院。手持自己宝贵的两本书，他骄傲地跨进了学院高耸的大门。

毕业后，勒格森并没有停止自己的奋斗。他继续进行学术研究，成为剑桥大学的一名政治学教授，同时还是广受尊重的作家。

勒格森出身卑微，但就像他崇拜的英雄——林肯和华盛顿那样，最终出人头地。因为他始终相信只要一步步走下去，就可以到达千里之外。

人生中很多真正的改变总是需要很长的时间，是由细小的改变、耐心的等候和微妙的决定组成的。有时候人生的转变并不具有爆炸性，如果想要改变就必须培养持久的能力，而不是轻率地急于求成。